網路
行銷實訓

主　編◎陳本松、龍　昕

財經錢線

前　言

　　網絡行銷是一門實踐性很強的課程，所以學生學習網絡行銷時應安排足夠多的實踐實訓時間。學生通過網絡行銷實訓，一方面可以更好地理解課堂的網絡行銷理論，另一方面可以鍛煉實踐的能力，通過實際工作激發學習興趣，為將來就業或創業打下紮實的實踐基礎。

　　網絡行銷是中小企業發展的必然趨勢。統計數據顯示，目前絕大部分中小企業表示非常需要網絡行銷人才的加入。雖然網絡行銷在國內的實踐發展時間不長，但由於其集傳統行銷和互聯網技術於一體，實戰網絡行銷人才不僅需要懂得書本上學到的電子商務和行銷知識以及基本的 IT 技術，同時更需要結合企業的實際和業務特點進行實踐。而對於在企業內擔任網絡行銷經理或主管的中高級人才，不僅需要具有基本的實操能力，更需要具備市場分析能力和企業的行銷策略規劃與執行能力。

　　目前大多數本專科院校不僅電子商務專業設置網絡行銷課程，經濟管理類的很多專業也設置網絡行銷課程。同時配合網絡行銷理論課程會安排一定的實踐課程，有些高校安排課內上機，有些高校專門安排網絡行銷實訓課程。因此，對於高校來說培養實操能力強的網絡行銷人才尤為迫切。編者試圖在此背景下嘗試編寫一本網絡行銷實訓的教材。

　　本教材有以下特點：

　　第一，各章節安排的實訓內容都是基於真實的網絡平臺，學生操作的就是企業開展網絡行銷所應用的網絡行銷工具，能很好地銜接將來從事的網絡行銷工作。

　　第二，教材以網絡行銷工具為主，側重於網絡行銷工具的使用，教師在安排實訓時可以結合行銷學的理論知識。

　　第三，教材跟進互聯網的發展趨勢，專門安排一個章節進行 Web 2.0 網絡行銷實訓，包括病毒行銷、網絡社區行銷、微信行銷等。

　　本書由陳本松和龍昕主編，共七章，包括網絡信息的檢索與發布實訓、行銷導向型企業網站建設實訓、搜索引擎行銷實訓、許可式電子郵件行銷實訓、網絡廣告實訓、基於 Web 2.0 的網絡行銷實訓和第三方電子商務平臺應用。其中第一章、第四章由賀兵編寫，第二章、第三章、第六章由陳本松和龍昕編寫，第五章和第二章部分章節由曾育新編寫，第七章由伍燕嫵編寫。另外，黃有祥也參與了第三章部分內容的編寫。本書最後由陳本松和龍昕統稿。

　　實訓安排時，建議計劃學時：32 學時。具體安排如下：

　　第一章　網絡信息的檢索與發布實訓　　　　　4 學時

第二章　行銷導向型企業網站建設實訓　　　6學時
第三章　搜索引擎行銷實訓　　　　　　　　4學時
第四章　許可式電子郵件行銷實訓　　　　　4學時
第五章　網絡廣告實訓　　　　　　　　　　4學時
第六章　基於Web 2.0的網絡行銷實訓　　　 4學時
第七章　第三方電子商務平臺應用　　　　　6學時

　　互聯網發展迅速，網絡技術及應用日新月異，網絡行銷理論也不斷發展，加之編者水準所限，本書難免有不當之處，敬請讀者與專家批評指正。

編者

目 錄

第一章 網絡信息的檢索與發布實訓 ······ （1）
　　實訓目的和意義 ······ （1）
　　實訓內容 ······ （1）
　　實訓步驟 ······ （2）
　　討論思考 ······ （13）

第二章 行銷導向型企業網站建設實訓 ······ （14）
　　實訓目的和意義 ······ （14）
　　實訓內容 ······ （14）
　　實訓任務 ······ （15）
　　討論思考 ······ （43）

第三章 搜索引擎行銷實訓 ······ （44）
　　實訓目的和意義 ······ （44）
　　實訓內容 ······ （44）
　　實訓步驟 ······ （45）
　　討論思考 ······ （65）

第四章 許可式電子郵件行銷實訓 ······ （66）
　　實訓目的和意義 ······ （66）
　　實訓內容 ······ （66）
　　實訓任務 ······ （67）
　　討論思考 ······ （80）

第五章　網絡廣告實訓 ·· (81)

  實訓目的和意義 ··· (81)

  實訓內容 ·· (81)

  實訓步驟 ·· (82)

  討論思考 ·· (104)

第六章　基於 Web 2.0 的網絡行銷實訓 ································ (105)

  實訓目的和意義 ··· (105)

  實訓內容 ·· (105)

  實訓任務 ·· (106)

  討論思考 ·· (132)

第七章　第三方電子商務平臺應用 ······································ (133)

  實訓目的和意義 ··· (133)

  實訓內容 ·· (133)

  實訓任務 ·· (134)

  討論思考 ·· (156)

第一章　網絡信息的檢索與發布實訓

實訓目的和意義

網絡作為新媒體，是一種方便、快捷、成本低廉、展示內容豐富的信息傳播渠道，特別適合於中小企業的宣傳。

本次實訓的目的和意義：
（1）能較好地理解網絡信息傳播的機制。
（2）熟練掌握網絡信息檢索和發布的技巧。
（3）能夠掌握淘寶平臺的信息檢索與發布的基本功能與技能。
（4）掌握阿里巴巴平臺信息檢索與發布的基本功能與技能。
（5）掌握分類廣告網信息檢索與發布的基本功能與技能。
（6）掌握跳蚤市場信息檢索與發布的基本功能與技能。

實訓內容

一、淘寶平臺信息檢索與發布

（1）查看淘寶網的首頁，瞭解其整個頁面的結構，瞭解找商品、淘寶店鋪等的搜索選項。
（2）使用淘寶網的寶貝和店鋪搜索、高級搜索、商品分類查詢等工具。
（3）註冊淘寶會員並開設淘寶店鋪，發布您的商品信息。

二、阿里巴巴信息檢索與發布

（1）瞭解阿里巴巴平臺的界面。
（2）查看阿里巴巴導航條，瞭解找產品、公司、加工、二手商品等的搜索選項。
（3）註冊阿里巴巴會員並在阿里巴巴平臺上發布產品信息。

三、分類廣告網信息檢索與發布

（1）查看分類廣告網的首頁，瞭解其整個頁面結構，瞭解查找信息的基本工具。
（2）使用分類廣告網的信息檢索的工具。
（3）註冊成為分類廣告網的用戶並發布信息。

四、跳蚤市場信息檢索與發布

（1）查看跳蚤市場的首頁，瞭解其整個頁面結構，瞭解查找信息的基本工具。
（2）使用跳蚤市場的信息檢索的工具。
（3）註冊成為跳蚤市場的用戶並發布信息。

實訓步驟

一、淘寶平臺信息檢索與發布

（1）打開淘寶網首頁（http://www.taobao.com），明確其信息檢索的主要功能：普通搜索、高級搜索和主題市場，如圖1-1。

圖 1-1

（2）普通搜索，在搜索工具文本框中選擇「寶貝」，輸入「連衣裙」，點擊「搜索」，進入搜索頁面，根據需要再設置搜索條件查看搜索結果，如圖1-2。

圖 1-2

（3）在「主題市場」中選擇「女裝」—「連衣裙」，進入檢索結果頁面，根據需要再設置條件查看搜索結果，如圖1-3和圖1-4。

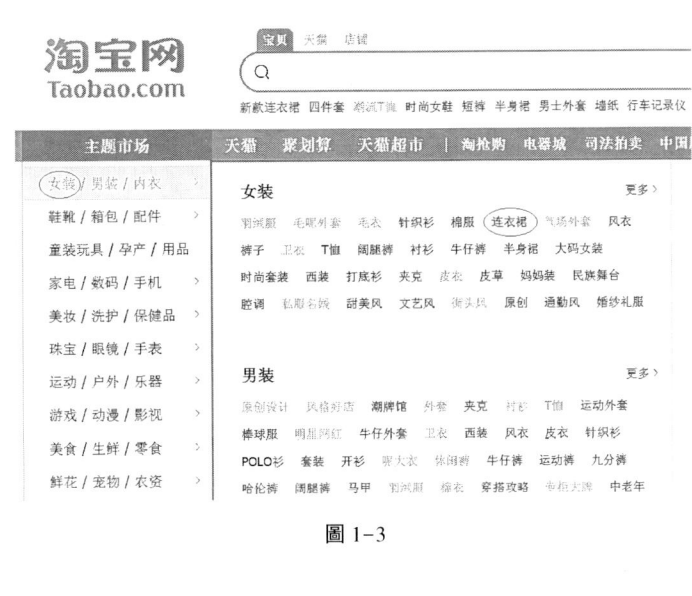

第一章　網絡信息的檢索與發布實訓

圖 1-3

圖 1-4

（4）進入「高級搜索」頁面，輸入關鍵詞「連衣裙」，其他條件根據需要進行設置，查看搜索結果，如圖 1-5。

圖 1-5

（5）淘寶會員的註冊及在淘寶平臺上的商品信息的發布涉及 B2C、C2C 網絡創業及行銷，這部分內容將在第七章中專門介紹。

3

二、阿里巴巴信息檢索與發布

（1）打開阿里巴巴首頁（http://www.1688.com），明確其信息檢索的主要功能：搜索工具框、產品分層展示、導航條，如圖1-6。

圖1-6

（2）選擇「產品」，在搜索文本框中輸入「連衣裙」，點擊搜索，根據需求設置條件查看信息展示結果，如圖1-7。

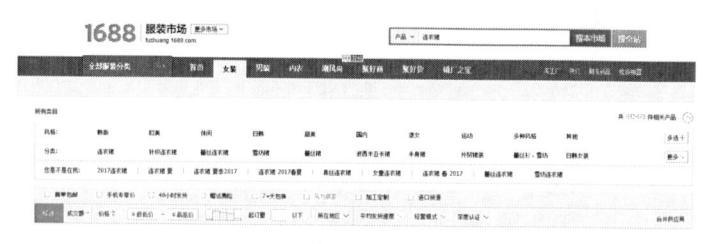

圖1-7

（3）在「產品分層展示」中選擇「女裝」，點擊「女裝市場」—「連衣裙」，進入檢索結果頁面，根據需要再設置條件查看搜索結果，如圖1-8和圖1-9。

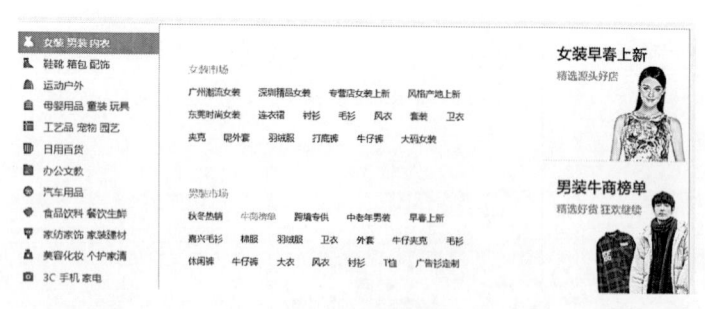

圖1-8

第一章　網絡信息的檢索與發布實訓

圖 1-9

（4）在阿里巴巴首頁導航條中點擊「淘貨源」，進入淘貨源頁面，如圖 1-10 和圖 1-11。

圖 1-10

圖 1-11

（5）在淘貨源頁面選擇「金牌商家」，進入金牌商家頁面，如圖 1-12。

圖 1-12

5

（6）在搜索文本框中輸入「連衣裙」，點擊「搜索」，進入搜索結果頁面，根據需求設置條件查看搜索結果，如圖 1-13。

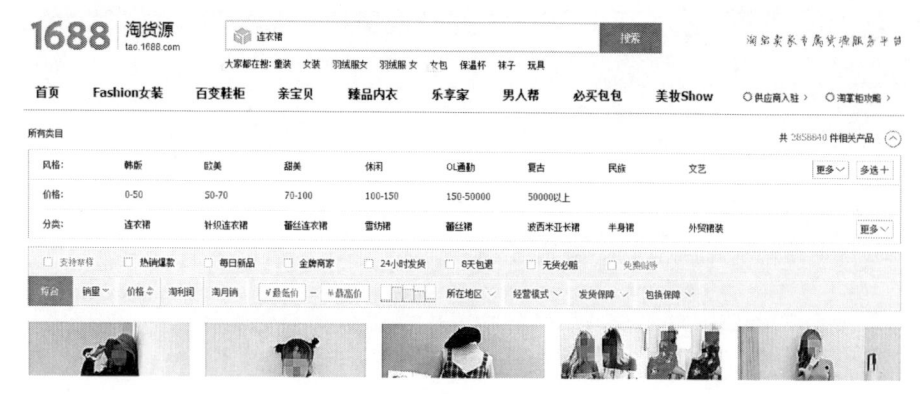

圖 1-13

提示：導航條除了「淘貨源」還包括「伙拼」「進口貨源」「淘工廠」等欄目，可以分別進入各個欄目進行信息檢索操作。

（7）阿里巴巴會員的註冊及商品信息的發布涉及 B2B 行銷，這部分內容將在第七章中專門介紹。

三、分類廣告網信息檢索與發布

分類廣告網主要是為企業和用戶提供和獲取商品和服務信息的在線平臺。企業和用戶可以免費刊登發布商品和服務信息，讓更多的人快捷方便地知道你需要或是提供什麼樣的商品、服務和幫助。此類網站有：http：//www.fenleiad.com，http：//www.3ads.cn 等。本例以 http：//www.3ads.cn 為例介紹其信息檢索和發布過程。

（1）打開分類廣告服務網站（例如：http：//www.3ads.cn），其信息檢索比較簡單，主要包括站內搜索和網站分類導航，如圖 1-14。

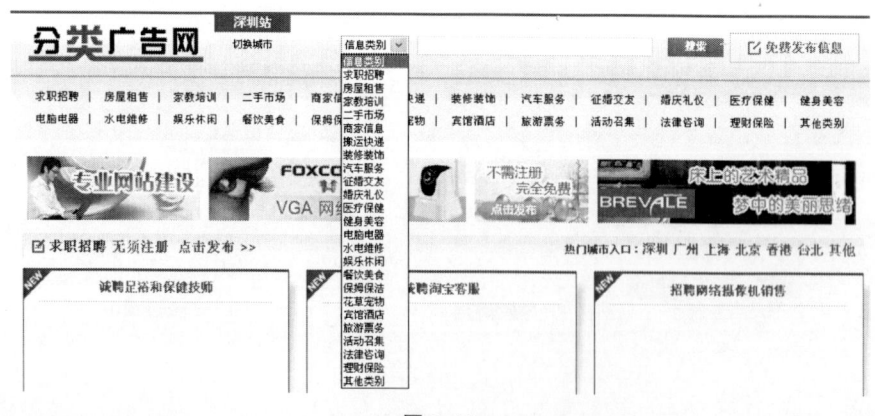

圖 1-14

（2）在「切換城市」中選擇「深圳」，在搜索框「信息類別」中選擇「家教培訓」，在文本框中輸入「書法」，點擊「搜索」，查看檢索結果頁面，如圖1-15。

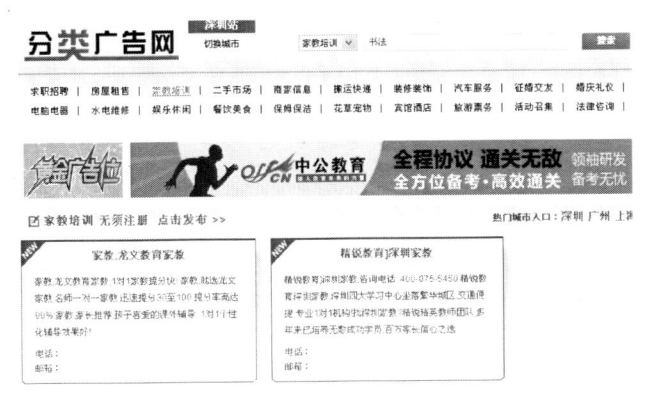

圖1-15

（3）在「切換城市」中選擇「深圳」，在導航條中選擇「家教培訓」，查看檢索結果頁面，如圖1-16。

圖1-16

提示：分類廣告網（http://www.3ads.cn）的信息類別除了「家教培訓」，還包括「求職招聘」「房屋租售」等欄目，可以分別進入各個欄目進行信息檢索操作。

（4）打開分類廣告網（http://www.3ads.cn）首頁，點擊「免費發布信息」進入信息發布頁面，如圖1-17。

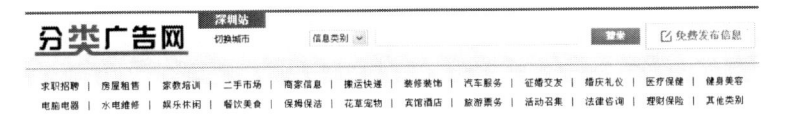

圖1-17

（5）按規則填寫所要發布的信息內容，點擊「確認發布」，如圖1-18。

圖 1-18

提示：分類廣告之所以受歡迎，是因為其形式簡單、費用低廉、發布快捷、信息集中等優點，而且查看分類廣告的人一般對信息有一定的主動需求，這也是分類廣告的優勢所在。

四、跳蚤市場信息檢索與發布

跳蚤市場主要出售二手商品。二手商品種類繁多，包括二手手機、房屋租賃、二手汽車、錄像機、電視機、洗衣機等。跳蚤市場上的商品價格低廉是很多網絡用戶樂於光顧的主要原因。但跳蚤市場的管理鬆散，安全難以得到保障，這也是通過二手市場檢索和發布信息時需要注意的方面。網絡中跳蚤市場很多，一般地方門戶網站都設有跳蚤市場，比較出名的有58同城跳蚤市場（http://www.58.com/sale.shtml）。下面以其為例介紹其信息檢索和發布過程。

（1）打開58同城跳蚤市場，網站將會定位到你所在的城市頁面，本例以深圳為例，如圖1-19。

圖 1-19

第一章　網絡信息的檢索與發布實訓

（2）點擊「二手市場」，進入二手市場頁面，如圖1-20。

圖 1-20

（3）在搜索文本框中輸入「二手手機」，根據需求設置條件查看檢索結果，如圖1-21。

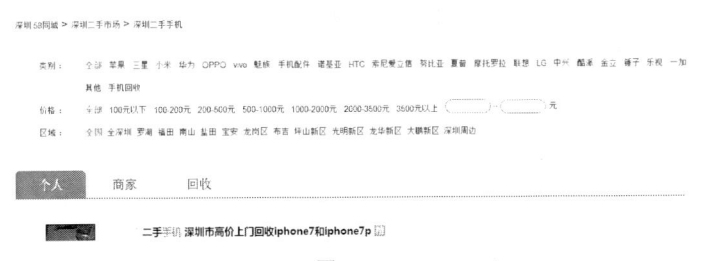

圖 1-21

（4）選擇「手機」—「蘋果」，根據需求設置條件查看檢索結果，如圖1-22。

圖 1-22

（5）註冊成為58同城會員並登錄。登錄58同城有多種方式，可以用手機註冊登錄，也可以使用合作網站帳號登錄，如圖1-23。

9

圖 1-23

(6) 在 58 同城跳蚤市場發布二手商品信息。

①登錄帳號並點擊「發布信息」，如圖 1-24。

圖 1-24

②點擊「二手市場」，進入信息發布界面，如圖 1-25。

圖 1-25

③如果是個人發布，就需要下載「轉轉」完成發布；如果是商家發布，則按58同城信息發布規則填寫所要發布的二手商品信息，如圖1-26、圖1-27和圖1-28。

圖 1-26

圖 1-27

圖 1-28

④發布成功，並且可查看所發布的信息，如圖 1-29。

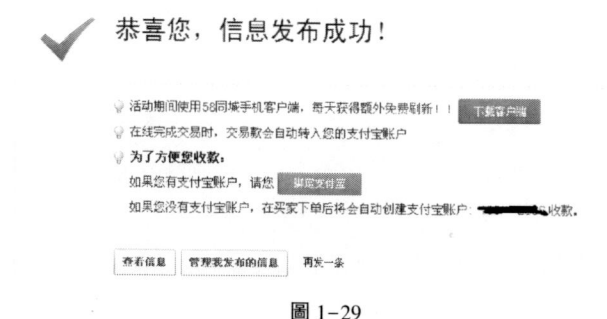

圖 1-29

提示：大多數跳蚤市場都提供免費信息，另外還提供多種信息推廣工具，如置頂、固定位置、精確推廣等，但這些推廣工具大多需要付費。可以根據需要練習這些功能。

討論思考

1. 請列舉出至少三種可以檢索到中文科技期刊的數據庫，並給出相應的檢索網址，簡要敘述各個數據庫的特點。以你現在所學某門專業課為方向，選擇其中一種你認為權威的數據庫檢索至少十篇以上該方向的論文，並以參考文獻的格式一一列舉下來。最後詳細說明你的檢索方式和過程。

2. 選擇你的某個專業方向，檢索至少十篇以上該方向的外文參考文獻，選出其中一篇被引用次數最多的能在網絡上獲取到全文的外文文獻，給出其詳細的編排著錄格式，詳細說明每一個項目的含義，並簡要說明你對這篇文章的理解。

3. 列舉出至少二十種以上網絡檢索渠道，注意必須是與你的學習、生活息息相關的檢索方式，並簡要說明為什麼該檢索方式對你有幫助。

第二章　行銷導向型企業網站建設實訓

實訓目的和意義

企業網站是企業開展網絡行銷的基礎，是其他網絡行銷方法和工具的信息來源。企業網站的建設對企業樹立網絡形象至關重要。

本次實訓的目的和意義：
(1) 如何規劃一個行銷型企業網站。
(2) 明確網站建設前期準備工作，包括域名申請、空間申請及網站備案等。
(3) 如何建設和營運一個行銷型企業網站。
建議：本次實訓以團隊形式進行，5~8個學生為宜。

實訓內容

一、行銷導向型網站建設準備工作

(1) 網站的域名申請。
(2) 網站的空間申請。
(3) 網站備案。

二、行銷導向型企業網站的建設

(1) 瞭解網站建設方式，瞭解建個站（http://www.jiangezhan.com）自助建站系統。
(2) 註冊並登錄建個站系統。
(3) 瞭解「建個站網站管理系統」工作區佈局。
(4) 創建一個新的網站。
(5) 綁定域名。
(6) 系統設置。
(7) 網站構建。
①選擇網站界面主題（模板）。
②設置網站導航。
③設置網站頁腳信息。
④設置網站標志（LOGO）。
⑤設置網站旗幟圖片廣告（Banner）。

(8) 網站的內容管理。
①企業信息管理。
②新聞資訊管理。
③產品服務管理。
④文件管理。

實訓任務

一、行銷導向型網站建設準備工作

(一) 域名申請

域名分國內域名和國際域名，國內域名和國際域名的申請註冊有細微區別。國內域名申請是通過由中國互聯網絡信息中心（CNNIC）作為 CN 域名註冊管理機構認證的域名註冊服務機構提供。國際域名的註冊是經由互聯網名稱與數字地址分配機構（ICANN）認證的域名註冊服務機構提供。下面以新網域名註冊服務流程為例介紹域名註冊的步驟。

新網域名註冊服務流程，如圖 2-1 所示。

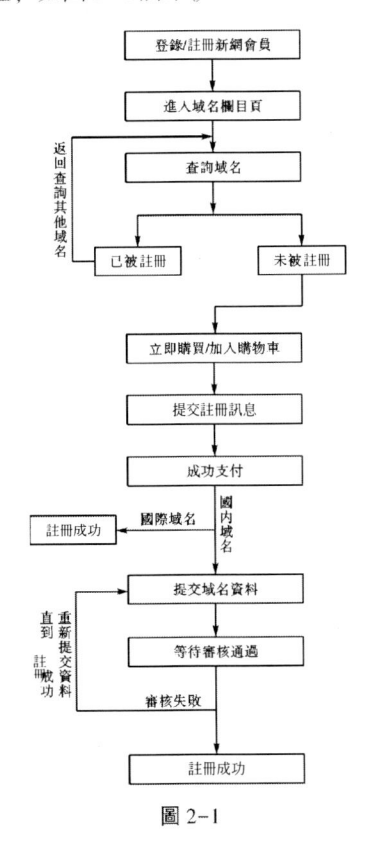

圖 2-1

（1）登錄註冊新網會員。

（2）進入域名欄首頁。

（3）查詢域名。根據你要申請的域名類型，查詢域名是否可用。新網域名查詢提供域名查詢、批量查詢、姓名域名查詢、精品域名、通用網址、域名轉入、域名增值服務等功能。這裡以批量查詢為例介紹域名查詢。

在域名註冊頁面點擊「批量查詢」，在文本框輸入要申請的域名，選擇註冊英文、中文、亞洲、歐洲、美洲、非洲還是大洋洲的域名，勾選將要申請的域名類型，本例以英文.com，.net、.cn，.com.cn，.net.cn 為例，如圖 2-2。

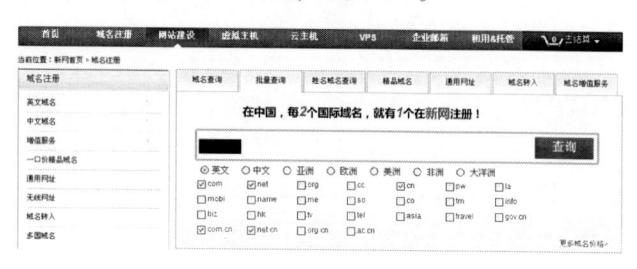

圖 2-2

（4）若域名已被註冊，回到步驟三重新查詢；若未被註冊，將要註冊的域名放入購物車。本例將.com 放入購物車，如圖 2-3。

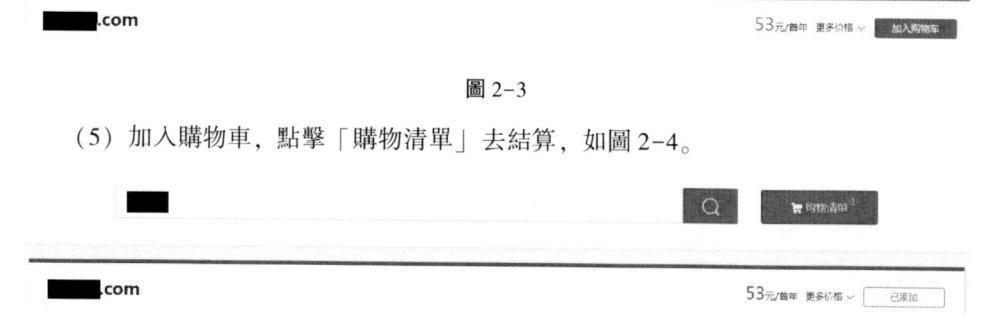

圖 2-3

（5）加入購物車，點擊「購物清單」去結算，如圖 2-4。

圖 2-4

（6）進入購物車，選擇域名註冊年限（最長為 10 年），點擊「接受協議，去結算」，如圖 2-5。

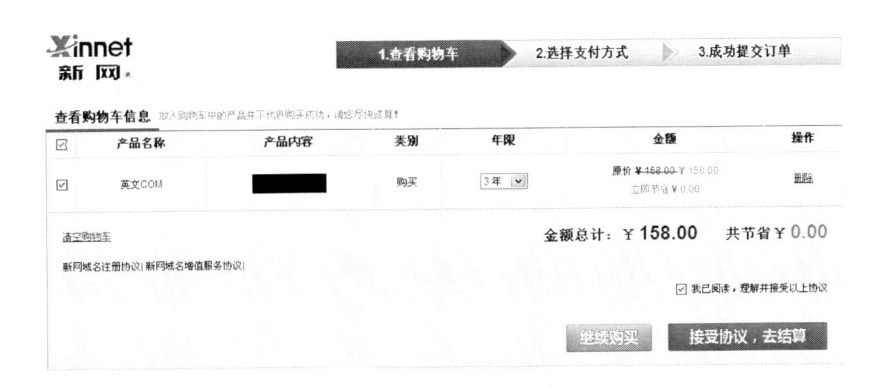

圖 2-5

（7）確認域名註冊信息，點擊「提交」。

（8）進行支付完成域名購買，支付可選擇帳戶餘額、網上銀行支付、線下支付等方式，如圖 2-6。

圖 2-6

提示：國際域名註冊支付完成，域名就算註冊成功了。國內域名需要實名制審核，在支付完成之後需要提交審核資料，審核通過域名方註冊成功。

（二）空間申請

網絡空間是企業通過網絡給客戶提供服務、開展網絡行銷的虛擬空間，也是企業網站存放的地方。網絡空間一般有自建主機、主機託管和虛擬主機三種方式。由於技術和費用因素，大多數中小企業往往選擇虛擬主機的方式。以新網為例，目前其虛擬主機服務提供雲虛擬主機、智捷虛機及香港虛機服務，每種類型主機又包含性能不同的多種類型主機服務。其虛擬主機的申請步驟如下：

（1）打開新網虛擬主機服務欄目，如圖 2-7。

圖 2-7

（2）選擇「雲虛機—雲虛機 C1 型」，按需求選擇數據庫、購買年限及機房位置，點擊「加入購物車」，如圖 2-8。

圖 2-8

（3）點擊「立即購買」，進入購物車，點擊「接受協議，去結算」，如圖 2-9。

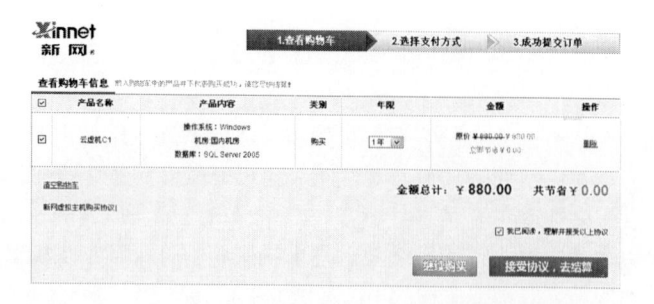

圖 2-9

（4）進入進行支付頁面完成支付，支付可選擇帳戶餘額、網上銀行支付、線下支付等方式，如圖 2-10。

圖 2-10

虛擬主機空間購買成功後，進入後臺查看主機管理即可查看訂購的主機的相關信息，包括 IP 地址、FTP 用戶名、密碼等信息。

企業網站的服務內容不同對空間性能的要求也不同。企業在空間選用時要根據企業網站功能的需要進行選擇，需要考慮的因素有：

①空間服務器採用什麼樣的操作系統，是基於 Windows 服務器操作系統、基於 Linux 操作系統還是基於其他操作系統。選擇時要符合企業網站建設的需求。

②服務器是否支持動態網頁，是支持 Access、SQL、MySQL，還是其他，若選擇不當，做出來的網站也就不能在這個服務器上運行。

③服務器的月流量、並發連接數。

（三）網站備案

由於網絡空間的虛擬性，網絡上的內容往往會引起人們的質疑。為有效解決網絡內容的真實性問題，國家工信部規定凡在網絡上提供內容服務的網站必須及時提交網站營運信息及網站所有人信息，申請備案。在工信部審批完成後，工信部備案系統會頒發給企業一個屬於自己的 ICP 證。

在各個域名空間代理處，其備案流程大同小異。下面以新網數碼備案系統為例介紹整個流程。

（1）登錄新網數碼備案系統，如圖 2-11。

圖 2-11

（2）查看當前備案狀態。

①點擊「ICP 備案管理」，查看當前備案狀態，如圖 2-12。

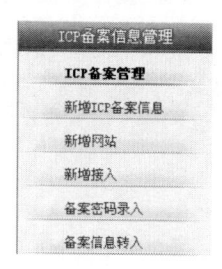

圖 2-12

②點擊「ICP 備案管理」，查看當天備案狀態。

如果報備階段為「已審批」，說明您的網站已備案完成。如果備案信息有所變更，您可以點擊「變更」對備案信息進行修改。

如果報備階段為「備案被退回」，說明您的網站備案未通過審核。請您點擊「修改」查看退回原因後，按照退回原因及時修改備案信息，重新提交。

（3）新增 ICP 備案信息。這適用於首次備案的用戶，即您的網站未做過備案，且主辦單位也未提交過備案信息。請您點擊「新增 ICP 備案信息」為新開空間填寫備案信息，如圖 2-13。

圖 2-13

（4）新增網站。這適用於主辦單位為其他網站做過備案，需要再添加網站。點擊「新增網站」，可以在已備案的信息中添加網站，如圖 2-14。

圖 2-14

①如果已備案的網站是新網接入，請登錄已備案網站的帳號進行新增網站。備案

管理權在已備案網站帳號下。

②如果已備案的網站不是新網接入，可以直接在需要新增網站的帳號下進行新增網站。備案管理權在新增網站帳號下。

（5）新增接入。這適用於已在其他接入商備案的網站，欲將網站接入新網，並仍沿用原來域名開通空間。點擊「新增接入」填寫主辦單位及接入等信息，如圖 2-15。

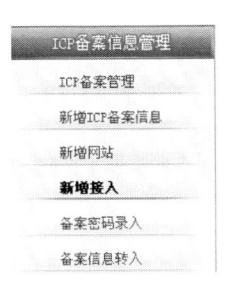

圖 2-15

（6）備案密碼錄入。這適用於已經備案成功的用戶。工信部系統會將備案密碼發送到您備案時所填寫的郵箱，需要您點擊「備案密碼錄入」及時錄入備案密碼。如您要修改備案信息、添加網站時均需填寫此密碼。您錄入後，新網系統將自動存儲您的備案密碼，以防您密碼丟失。但您如果修改或重置密碼，請重新錄入備案密碼，如圖 2-16。

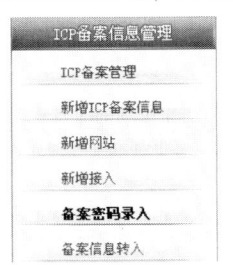

圖 2-16

（7）備案信息轉入。這適用於一個主辦單位同時在新網購買多個網站，但只有其中一個網站有備案管理權，而需要將備案管理權轉換到另一個網站時。點擊「備案信息轉入」填寫有備案管理權的網站 FTP 用戶名和密碼，進行備案管理權的轉入操作，如圖 2-17。

圖 2-17

二、行銷導向型企業網站的建設

企業網站建設的開發方式一般有購買、租借、外包和自建四種方式：①購買。採用這種開發方式，程序源代碼歸企業自己所有，開發時間短，需要的專業人員少。小企業常選用這種方法。②租借。採用租借開發方式，企業只擁有使用權（通常是一年），在需要經常維護或者購買成本很高的情況下，租借比購買更有優勢。對於無力大量投資於電子商務的中小型企業來說，租借很有吸引力。③外包。外包開發注重開發商與企業的溝通，可以將開發商的技術優勢與企業電子商務的需求密切結合，大大提高整個電子商務網站開發的成功率，針對性強。④自建。採用自建開發方式，企業能更好地滿足自身的具體要求。那些有資源、時間及技術實力去自己開發的公司或許更傾向於採用這種方法，以獲得差異化的競爭優勢。

目前網站建設領域，市場當中還提供自助建站服務。這種方式的特點是對技術要求較低，方便快捷。企業可以把更多的時間和精力放到網站功能和服務當中去。此類自助建站系統很多，例如，「建個站」作為全球領先的企業免費網站服務提供商，率先推出了真正意義上的不限空間、不限流量、永久免費的建站服務，旨在讓更多的企業擁有自己的門戶網站，降低企業信息化門檻。該平臺已經服務了萬千中小企業，是中小企業建站的最佳選擇。本次實訓以建個站自助建站系統來實現網站建設。

（一）註冊並登錄建個站系統

（1）在瀏覽器中打開「建個站」（http：//www.jiangezhan.com/），如圖 2-18。

圖 2-18

（2）點擊「免費註冊」，在打開的頁面中填寫各項註冊資料，如圖2-19。

圖2-19

（3）在「客戶登錄」處填寫登錄信息，登錄系統，如圖2-20。

圖2-20

（二）「建個站網站管理系統」工作區佈局

「建個站網站管理系統」工作區各區域詳解：
①帳戶信息欄：用於查看當前登錄帳戶的基本信息，如圖2-21。

圖2-21

②頂部連結欄：用於快速訪問建個站的其他各項服務，如圖2-22。

圖2-22

③系統工具欄：全局性的功能操作區域，如圖2-23。

圖2-23

④欄目導航欄：用於切換需要管理的內容或系統欄目，如圖2-24。

圖2-24

⑤頁面選項卡欄：用於切換當前欄目下的各個相關頁面，如圖2-25。

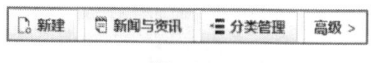

圖2-25

⑥編輯區工具欄：內容編輯區內的功能操作區域，如圖2-26。

圖2-26

⑦內容編輯區：用於查看或編輯內容的最主要操作區域。

(三) 創建一個新的網站

(1) 點擊右側「頁面選項卡欄」中「創建網站」選項卡切換至「創建網站」頁面，如圖2-27。

圖2-27

（2）在「創建網站」頁面中填寫網站資料，點擊「提交」創建網站，如圖 2-28。

圖 2-28

提示：網站創建完成後系統會為您分配二級域名，如 http：//1.site.booen.com。當然我們也可以為所創建的新網站綁定申請的獨立域名。

（四）綁定域名

（1）在後臺界面，點擊「系統」—「域名」—「添加新域名」，進入「域名添加」頁面，如圖 2-29。

圖 2-29

（2）將您需要綁定的域名 NS 記錄（DNS 服務器）設置為 ns1.jiangezhan.com 和 ns2.jiangezhan.com 兩組。

（3）在右側的輸入框填寫需要綁定的域名（可一次綁定多個域名），點擊「綁定」按鈕完成域名的綁定，如圖 2-30。

圖 2-30

（五）系統設置

（1）點擊「系統工具欄」中的「快速設置」按鈕，如圖 2-31。

網路行銷實訓

圖 2-31

（2）依次完成彈出的「快速設置導航」的各選項的設置，完成企業資料、網站資料、網站功能和網站主題的設置，如圖 2-32。

圖 2-32

同時按「Ctrl」鍵和「F5」鍵刷新瀏覽器，設置完成，瀏覽您剛剛更新的網站，如圖 2-33。

圖 2-33

提示：若要修改設置信息可以點擊「系統」—「基本設置」—「網站信息」，進入「網站信息」頁面進行修改。

（六）網站構建

建個站自助建站系統提供免費和收費功能，企業在建站時可以根據需要選擇功能。本例以「布恩網絡示例網站」介紹其網站構建。

1. 選擇網站界面主題

（1）在「後臺界面」，點擊「系統」—「界面」進入「界面主題」頁面，如圖 2-34。

圖 2-34

（2）選擇您需要應用的界面主題（本例選擇 A028），點擊該界面主題名稱以打開操作菜單，點擊「免費使用」，如圖 2-35。

圖 2-35

2. 設置網站導航

（1）在「後臺界面」，點擊「系統」—「界面」進入「界面主題」頁面，如圖 2-36。

圖 2-36

（2）在「頁面選項卡欄」裡點擊「高級」選項卡，如圖 2-37。

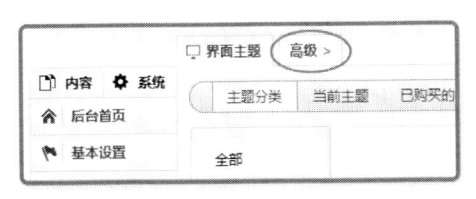

圖 2-37

（3）在展開的選項卡中點擊「導航」選項卡，如圖 2-38。

圖 2-38

（4）在打開的「導航信息查看頁」點擊「編輯」按鈕，如圖2-39。

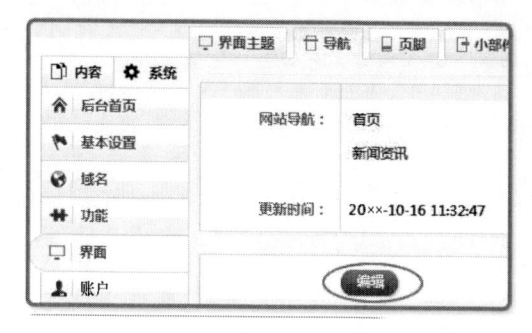

圖2-39

（5）進入「導航信息編輯頁」選擇您需要設置的選項。如果您想使用系統自動生成的導航，請選擇「自動」選項；如果您想自行設置網站導航內容，請選擇「手動設置」選項，如圖2-40。

圖2-40

（6）在展開的操作菜單中點擊「開始編輯」按鈕，如圖2-41。

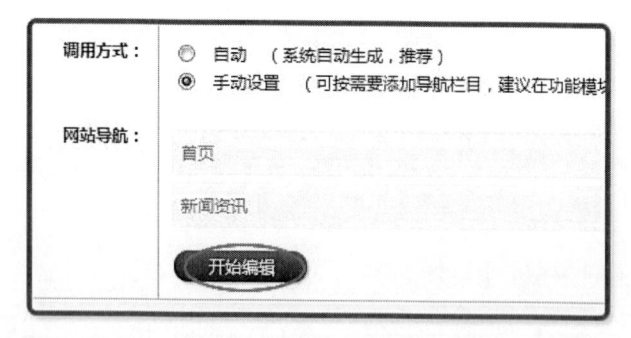

圖2-41

（7）使用展開的全功能導航編輯菜單編輯網站導航，如圖 2-42。

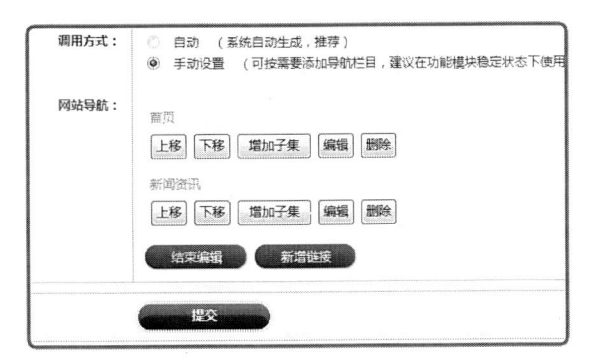

圖 2-42

（8）進行「增加」「編輯」「刪除」等操作後點擊「確認」按鈕，如圖 2-43。

圖 2-43

（9）編輯完成後點擊「結束編輯」按鈕，如圖 2-44。

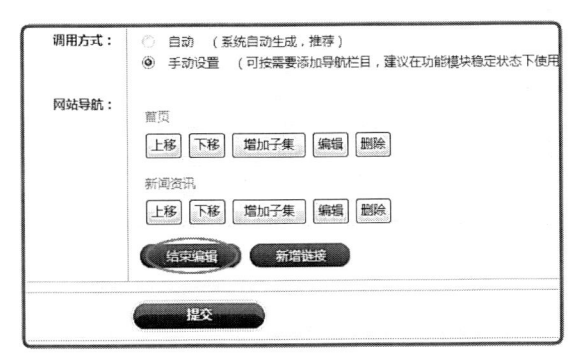

圖 2-44

(10）最後點擊「提交」按鈕，完成設置，如圖 2-45。

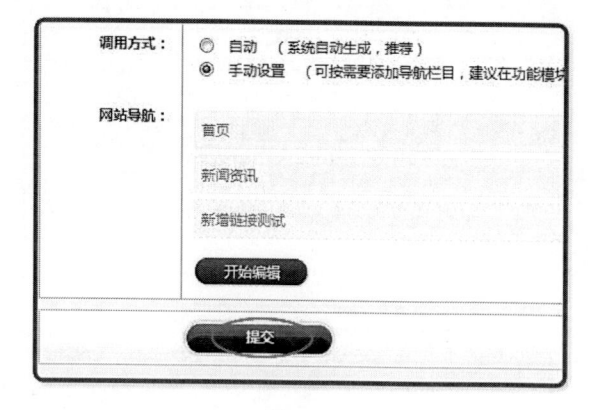

圖 2-45

3. 設置網站頁腳信息

（1）在「後臺界面」，點擊「系統」—「界面」進入「界面主題」頁面，如圖 2-46。

圖 2-46

（2）在「頁面選項卡欄」裡點擊「高級」選項卡，如圖 2-47。

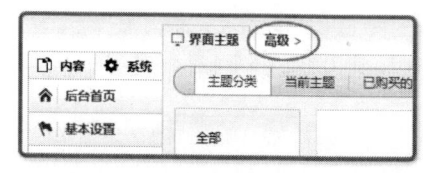

圖 2-47

（3）在展開的選項卡中點擊「頁腳」選項卡，如圖 2-48。

圖 2-48

第二章　行銷導向型企業網站建設實訓

（4）在打開的「頁腳信息查看頁」點擊「編輯」按鈕，如圖2-49。

圖 2-49

（5）在「頁腳信息編輯頁」中編輯網站頁腳信息，如圖2-50。

圖 2-50

（6）點擊「提交」按鈕，完成設置。

4. 設置網站標志（LOGO）

（1）在「後臺界面」，點擊「系統」—「界面」進入「界面主題」頁面，如圖2-51。

圖 2-51

（2）在「頁面選項卡欄」裡點擊「高級」選項卡，如圖2-52。

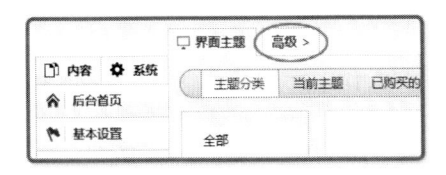

圖 2-52

31

（3）在展開的選項卡中點擊「小部件」選項卡，如圖 2-53。

圖 2-53

（4）在打開的「小部件信息查看頁」點擊「編輯」按鈕，如圖 2-54。

圖 2-54

（5）在「小部件信息編輯頁」中點擊「插入圖片」按鈕插入圖片，如圖 2-55。

圖 2-55

（6）成功插入圖片後，點擊「提交」按鈕，完成設置，如圖 2-56。

圖 2-56

5. 設置網站旗幟圖片廣告（Banner）
（1）在「後臺界面」，點擊「系統」—「界面」進入「界面主題」頁面，如圖2-57。

圖 2-57

（2）在「頁面選項卡欄」裡點擊「高級」選項卡，如圖2-58。

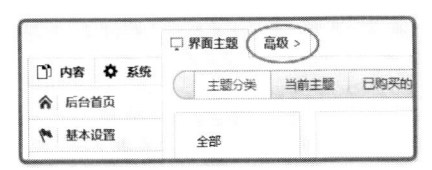

圖 2-58

（3）在展開的選項卡中點擊「小部件」選項卡，如圖2-59。

圖 2-59

（4）在打開的「小部件信息查看頁」點擊「編輯」按鈕，如圖2-60。

圖 2-60

（5）在「小部件信息編輯頁」中點擊「插入圖片」按鈕插入圖片，如圖2-61。

圖 2-61

（6）成功插入圖片後，點擊「提交」按鈕，完成設置，如圖2-62。

圖 2-62

（七）網站的內容管理

1. 企業信息管理

（1）開啟「企業信息項」功能。

①在「後臺界面」點擊「系統」—「功能」—「全部功能」，如圖2-63。

圖 2-63

②在「功能列表」中找到「企業信息項」功能，點擊「啟用本功能」按鈕，如圖2-64。

圖 2-64

③在「功能編輯頁」中勾選該功能的運行狀態為「開啟」，如圖2-65。

圖 2-65

④點擊「提交」按鈕。
⑤同時按「Ctrl」鍵和「F5」鍵刷新頁面。
⑥刷新頁面後就可以在左側的「欄目導航欄」找到「企業信息項」選項了，操作完成，如圖 2-66。

圖 2-66

（2）查看「企業信息項」。
①在「後臺界面」點擊「內容」—「企業信息項」進入「企業信息項列表」頁面，如圖 2-67。

圖 2-67

②在「企業信息項列表」中找到需要查看的項目，如圖 2-68。

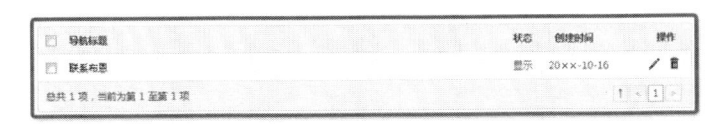

圖 2-68

③點擊該項目的名稱查看該項目的詳細信息，如圖 2-69。

圖 2-69

（3）添加、編輯和刪除「企業信息項」。

①在「後臺界面」，點擊「內容」—「企業信息項」—「添加新項」，如圖2-70。

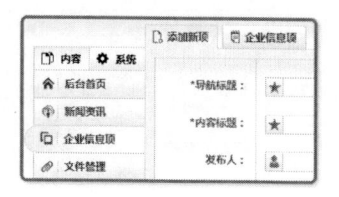

圖 2-70

②在打開的「添加新項」頁面中填寫企業資料信息，點擊「提交」按鈕，如圖2-71。

圖 2-71

③在「企業信息項列表」中找到需要編輯和刪除的項目，進行編輯和刪除操作，如圖 2-72。

圖 2-72

2. 新聞資訊管理

在新聞資訊管理中，開啓、查看、添加、編輯和刪除新聞資訊與企業信息管理類似，可以登錄系統具體操作。與企業信息管理不同的是，新聞資訊增加了新聞分類管理。下面主要介紹新聞資訊中新聞資訊的分類添加、編輯和刪除。

（1）在「後臺界面」，點擊「內容」—「新聞資訊」—「分類管理」，進入「新聞資訊分類管理」頁面，如圖 2-73。

圖 2-73

（2）添加一級分類：在「新聞資訊分類管理」頁面中點擊「添加一級分類」，如圖 2-74。

圖 2-74

（3）添加子類別：在「新聞資訊分類管理」頁面中把鼠標指向需要「添加子類別」的分類名稱上，然後在其後方出現的工具欄中點擊「添加子類別」按鈕，如圖 2-75。

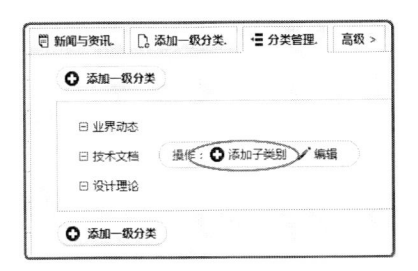

圖 2-75

（4）填寫需要添加分類的相關信息，點擊「提交」按鈕完成本次操作，如圖 2-76。

圖 2-76

（5）在「新聞資訊分類管理」頁面中把鼠標指向需要「編輯」或「刪除」的分類名稱上，然後在後方出現的工具欄中點擊「編輯」或「刪除」按鈕，進行編輯或刪除操作，如圖2-77。

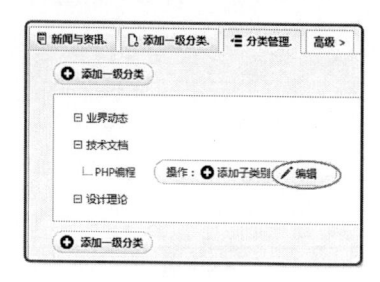

圖 2-77

3. 產品服務管理

在產品服務管理中，開啟、查看產品服務與企業信息管理類似，添加、編輯和刪除產品服務分類與新聞資訊中添加、編輯和刪除新聞資訊分類類似，可以登錄系統具體操作。這裡主要介紹添加、編輯和刪除產品服務。

（1）在「後臺界面」，點擊「內容」—「產品與服務」—「新建」，如圖2-78。

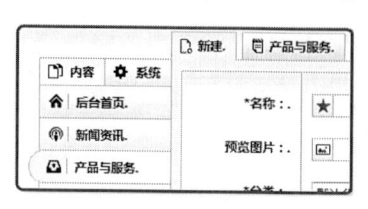

圖 2-78

（2）在打開的「新建」頁面中填寫產品服務信息，填寫完成後點擊「提交」按鈕，完成本次操作，如圖2-79。

圖 2-79

（3）在「產品服務列表」中找到需要編輯或刪除的產品服務，點擊「編輯」或「刪除」，如圖 2-80。

圖 2-80

4. 文件管理

（1）添加「文件管理」分類。

①在「後臺界面」點擊「內容」—「文件管理」—「分類管理」，進入「文件管理分類管理」頁面，如圖 2-81。

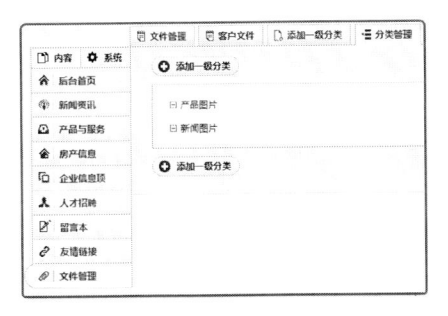

圖 2-81

②添加一級分類：在「文件管理分類管理」頁面中點擊「添加一級分類」，如圖 2-82。

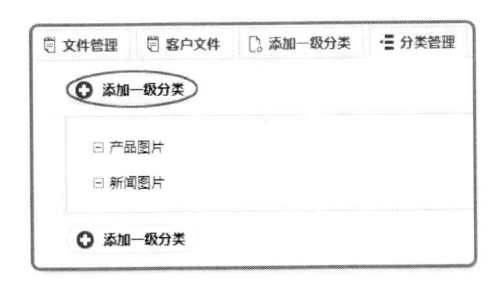

圖 2-82

③添加子類別：在「文件管理分類管理」頁面中把鼠標指向需要「添加子類別」的分類名稱上，然後在其後方出現的工具欄中點擊「添加子類別」按鈕，如圖 2-83。

圖 2-83

④填寫需要添加的分類的相關信息，點擊「提交」按鈕完成本次操作，如圖2-84。

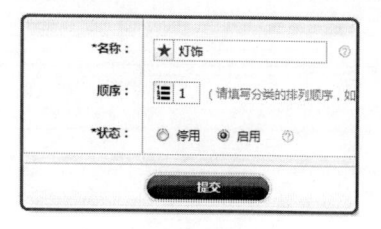

圖 2-84

提示：「文件管理」分類的編輯和刪除操作與「新聞資訊」分類的編輯和刪除操作類似，請參照進行操作。

（2）上傳文件。

①在「後臺界面」，點擊「內容」—「文件管理」—「上傳」，如圖2-85。

圖 2-85

②在打開的「上傳」頁面中選擇要上傳的文件，在「分類」中選擇文件存放的類型，點擊「提交」按鈕，上傳完畢，如圖2-86。

圖 2-86

（3）文件上傳——上傳和插入新聞標題圖片。

①在「後臺界面」，點擊「內容」—「新聞資訊」—「新建」，如圖 2-87。

圖 2-87

②在打開的「新建」頁面中找到「標題圖片」，然後點擊「插入圖片」，如圖 2-88。

圖 2-88

③在彈出的「插入圖片」窗口中點擊「瀏覽」選擇你要上傳的文件，在「分類」中選擇圖片類型，或點擊「已上傳」選項卡選擇要插入的圖片，最後點擊「提交」按鈕完成本次操作，如圖 2-89。

圖 2-89

提示：產品預覽和產品展示圖片的上傳插入操作與新聞標題圖片的上傳插入操作類似，請參照操作。

（4）編輯和刪除「文件」。

①在「後臺界面」，點擊「內容」—「文件管理」，進入「文件管理列表」頁面，如圖 2-90。

圖 2-90

②在「文件管理列表」中找到需要編輯或刪除的文件，如圖 2-91。

圖 2-91

③點擊該文件後方的「編輯」或「刪除」圖標；進入「文件編輯頁面」後，對當前文件進行編輯或刪除操作。若點擊「編輯」，則在以下界面進行編輯，編輯完成後點擊「提交」按鈕，完成本次操作，如圖 2-92。

圖 2-92

討論思考

1. 什麼是行銷網站？行銷網站的盈利模式是否一致？
2. 建設企業行銷網站時是否需要網站建設開發方案？網站開發方案策劃中應該注意什麼？如何寫一份詳細的網站開發方案？
3. 行銷網站是否需要做得花花綠綠？行銷網站的網站關鍵詞及網站描述該怎樣優化？如何對網站頁面進行優化？
4. 網站建設需要哪些技術？有哪些不同的技術方案嗎？這些方案有何不同？
5. 網站建成是否需要測試？如何進行網站壓力測試？如何進行網站黑盒測試？如何進行網站功能測試？
6. 測試工具都有哪些？

第三章 搜索引擎行銷實訓

實訓目的和意義

搜索引擎行銷（Search Engine Marketing，簡稱 SEM），就是根據客戶使用搜索引擎的習慣，在客戶通過搜索引擎檢索信息的時候，盡可能將企業的行銷信息顯示在突出位置，有效傳遞給目標用戶，從而引起客戶關注，促進客戶認知、達成交易的活動。當前環境下，搜索引擎已然成為大眾互聯網最重要的入口之一，大量的用戶集結在搜索引擎客戶端，為企業提供了龐大的行銷市場。從當前主流應用上來分，搜索引擎行銷主要分為搜索引擎競價和搜索引擎優化兩大類。一般而言，對於廣告預算充裕，要求回報週期短的企業可以嘗試搜索引擎競價；對回報週期沒有緊急要求，有相關人員的企業可以採取搜索引擎優化。

本次實訓的目的和意義：
(1) 認識和瞭解常見的搜索引擎和類別。
(2) 掌握網站營運前、營運中、營運後搜索引擎優化的基本技能。
(3) 能夠應用百度推廣搜索引擎行銷。
(4) 通過對搜索引擎網址登錄的認識，瞭解搜索引擎對網絡行銷的作用。
(5) 學習和對比各個搜索引擎的收錄情況。

實訓內容

一、認識和瞭解常見的搜索引擎和類別

(1) 全文搜索引擎。
(2) 目錄索引引擎。
(3) 元搜索引擎。

二、搜索引擎優化

(1) 網站營運前的優化工作。
(2) 網站營運過程的搜索引擎提交工作。
(3) 網站營運後的優化工作。
(4) 搜索引擎優化過程中的一些問題。

三、百度推廣搜索引擎行銷

（1）註冊並登錄百度搜索推廣帳戶。
（2）百度推廣界面的認識。
（3）百度推廣帳戶的基本操作。
（4）百度推廣創意的製作。
（5）百度推廣關鍵詞的基本操作。
（6）百度推廣帳戶的控制。

四、對比搜索引擎收錄情況

（1）對比不同搜索引擎論壇博客信息收錄結果。
（2）對比不同搜索引擎關鍵詞收入量。
（3）對比不同搜索條件限制的搜索結果。

實訓步驟

一、認識和瞭解常見的搜索引擎和類別

（一）常用的搜索引擎

1. 全文搜索引擎

全文搜索引擎是名副其實的搜索引擎，國外具代表性的有 Google、Fast/All theWeb、AltaVista、Inktomi、Teoma、WiseNut 等，國內著名的有百度（Baidu）。它們都是通過從互聯網上提取的各個網站的信息（以網頁文字為主）而建立的數據庫中，檢索與用戶查詢條件匹配的相關記錄，然後按一定的排列順序將結果返回給用戶，因此他們是真正的搜索引擎。

示例：打開 IE 瀏覽器，在地址欄中輸入 Google 全文搜索引擎網址（www.google.cn），搜索所有包含關鍵詞「搜索引擎」和「歷史」的中文網頁。

2. 目錄索引引擎

目錄索引引擎雖然有搜索功能，但在嚴格意義上算不上是真正的搜索引擎，僅僅是按目錄分類的網站連結列表而已。用戶完全可以不用進行關鍵詞查詢，僅靠分類目錄也可找到需要的信息。目錄索引引擎中最具代表性的莫過於大名鼎鼎的 Yahoo（雅虎）。其他著名的還有 Open Directory Project（DMOZ）、LookSmart、About 等。國內的搜狐、新浪、網易搜索也都屬於這一類。

示例：打開 IE 瀏覽器，在地址欄中輸入雅虎目錄索引引擎網址（www.yahoo.cn），搜索所有包含關鍵詞「搜索引擎」和「歷史」的中文網頁。

3. 元搜索引擎

元搜索引擎在接受用戶查詢請求時，同時在其他多個引擎上進行搜索，並將結果返回給用戶。著名的元搜索引擎有 InfoSpace、Dogpile、Vivisimo 等，中文元搜索引擎中

具代表性的有搜星搜索引擎。在搜索結果排列方面，有的直接按來源引擎排列搜索結果，如 Dogpile，有的則按自定的規則將結果重新排列組合，如 Vivisimo。

示例：打開 IE 瀏覽器，在地址欄中輸入 InfoSpace 元搜索引擎的網址（http://infospace.com/），搜索所有包含關鍵詞「搜索引擎」和「歷史」的中文網頁。

除上述三大類引擎外，還有以下幾種形式：

（1）集合式搜索引擎：如 HotBot 在 2002 年年底推出的引擎。該引擎類似 META 搜索引擎，但區別在於其不是同時調用多個引擎進行搜索，而是由用戶從提供的 4 個引擎當中選擇，因此叫它「集合式」搜索引擎更確切些。

（2）門戶搜索引擎：如 AOL Search、MSN Search 等雖然提供搜索服務，但自身既沒有分類目錄也沒有網頁數據庫，其搜索結果完全來自其他引擎。

（3）免費連結列表（Free For All Links）：這類網站一般只簡單地滾動排列連結條目，少部分有簡單的分類目錄，不過規模比 Yahoo 等目錄搜索引擎要小得多。

（二）全文搜索引擎、目錄索引引擎和元搜索引擎的區別

全文搜索引擎主要依靠機器人程序自動尋找網絡資源並編製索引摘要，減少了人工作業，很大程度上提高了信息搜集的速度，並保證了信息的全面性和及時性，增加了查全率。但由於收錄的資源水準參差不齊，查詢結果準確度較低，用戶很難通過檢索真正獲得所需結果。

目錄搜索引擎與全文搜索引擎的主要不同在於，目錄搜索引擎是通過人工方式進行資源搜集，且採取人工方式來進行網站描述，系統在保存的對站點的描述中進行信息搜索時，就確保了查準率。但由於這些工作大部分是依靠人工方式來進行的，搜索範圍較小，很多有用的信息可能由於沒有搜集到而沒被檢索到，從而在一定程度上「犧牲」了查全率。

元搜索引擎不像全文搜索引擎那樣擁有自己的索引數據庫，而是當用戶提交搜索申請時，通過對多個獨立搜索引擎的整合和調用，然後按照元搜索引擎自己設定的規則將搜索結果進行取捨和排序並反饋給用戶。從用戶的角度來看，利用元搜索引擎的優點在於可以同時獲得多個源搜索引擎（即被元搜索引擎用來獲取搜索結果的搜索引擎）的結果，但由於元搜索引擎在信息來源和技術方面都存在一定的限制，因此搜索結果實際上並不理想。目前儘管有數以百計的元搜索引擎，但還沒有一個能像 Google 等獨立搜索引擎那樣得到用戶的廣泛認可。

二、搜索引擎優化

搜索引擎優化（Search Engine Optimization，簡稱 SEO），就是針對各種搜索引擎檢索的特點，讓網站更適合搜索引擎檢索原則，從而獲得搜索引擎收錄並且在排名中靠前的行為。一個對搜索引擎友好的網站，應該方便搜索引擎檢索信息，並且返回的檢索信息讓用戶覺得很有吸引力，這樣才能達到搜索引擎行銷的目的。

(一) 網站營運前的優化工作

網站的搜索引擎優化工作並不是在網站建設後才優化的，而是在網站營運前就要策劃好。這不僅包括域名、空間的選擇，還包括網站本身的構架。

1. 域名優化

（1）堅持使用老域名。

域名歷史越長，越利於優化。可以想像，在搜索引擎的網絡爬蟲接觸網站的時候首先接觸的就是網站的域名，與此同時，它也把域名歷史的信息反饋給搜索引擎作為搜索引擎排序的一項標準。「域名歷史越長，越利於優化」這種思路有點類似於人們對百年老店、百年品牌的看法，一個店面、品牌之所以能夠經營百年，也恰恰說明了用戶對其產品或服務質量、誠信度的肯定。同樣，搜索引擎也用類似的標準去衡量一個網站。如果一個網站域名能夠長期使用，也能說明該網站的質量和信譽。因此搜索引擎自然也會把一個網站域名的歷史作為網站優化的一個衡量標準，其歷史越長，權重越高。因此對於企業而言，搜索引擎優化，不要輕易放棄域名，盡可能地堅持使用老域名。

（2）在域名中適當地融合關鍵詞。

域名中包含關鍵詞是一直被業內認可的，尤其是在英文搜索引擎優化中。在Google中搜索MP3，看一下結果便會發現這個規律。網絡爬蟲在接觸域名的時候其實已經把這個域名的名稱和這個網站的主題信息列為相關因素了。因此，企業在選用域名的時候要考慮到關鍵詞。

（3）gov、edu 域名在優化中的權重相對高於 com、net 等。

2. 空間的優化

空間性能的優劣直接影響著客戶能否快捷地打開企業網站，因此網絡爬蟲在打開網站、抓取網站內容的同時也就把這個網站的穩定性、快捷性因素反饋了給搜索引擎，並將其作為該網站今後排序的一項因素考慮在內。試想，沒有哪個搜索引擎願意把不穩定、打開速度慢的網頁放在搜索結果的前列來影響客戶體驗度。

因此企業在建站前選擇空間的時候最好選擇服務態度好、性能穩定的服務器提供商。為測試服務器的速度，企業可以讓不同地方的朋友登錄一下這個服務器上的相關網站進行測試，也可以通過各種服務器測試軟件來實現。

3. 網站的架構

網站的架構是影響搜索引擎影響一項很重要的因素，包含網頁中關鍵詞的佈局和密度、網頁的編碼模式、網頁類別，因此企業在網站架構時應做到：

（1）構建輕負載量的網頁。

一個網頁負載量越大，就意味著打開速度越慢，影響客戶體驗，同樣網絡爬蟲在抓取網頁的時候也會考核該因素。因此企業在建站的時候要考慮盡量用輕裝的「DIV+CSS」代替 TABLE 模式，盡量用靜態網頁而不是動態網頁（由於動態網頁便於維護，靜態網頁便於優化，因此基於兩方面需要企業可以選擇構建動態生靜態的網站），同時在建站和日後維護的時候，盡可能在保證美觀、實用的情況下減少網頁中 flash、視頻、

圖片等加載量大的內容出現。

（2）構建能夠靈活控制 title（標題）、keywords（關鍵詞）、description（內容標籤）、head（頭文件）內容的網頁。

HTML（超級文本標記語言）中 title、keywords、description、H1 等標示都是網頁編碼中的一些重要標示。網絡爬蟲在抓取、打開一個網頁的時候也尤為重視這些內容，因此把客戶搜索關鍵詞置於這些地方對搜索引擎來說比較友好。一般而言，做搜索引擎優化工作要盡可能地讓客戶搜索關鍵詞出現在這些搜索引擎關注的地方。因此企業在構建網站的時候要盡可能地讓網絡公司構建好網站後臺，把網頁的這些部分內容設置成可以靈活控制的。

（3）靈活設置 URL（統一資源定位符），有效融合關鍵詞。

與上述域名優化的道理一樣，URL 網址中包含英文關鍵詞也利於英文搜索引擎優化，因此如果企業網站在構建的時候能考慮到這些因素，則可以為以後優化打下良好的基礎。如圖 3-1，靜態頁面名稱部分就表明了該站點後臺設置了 URL 手寫功能而不是自動生成的。

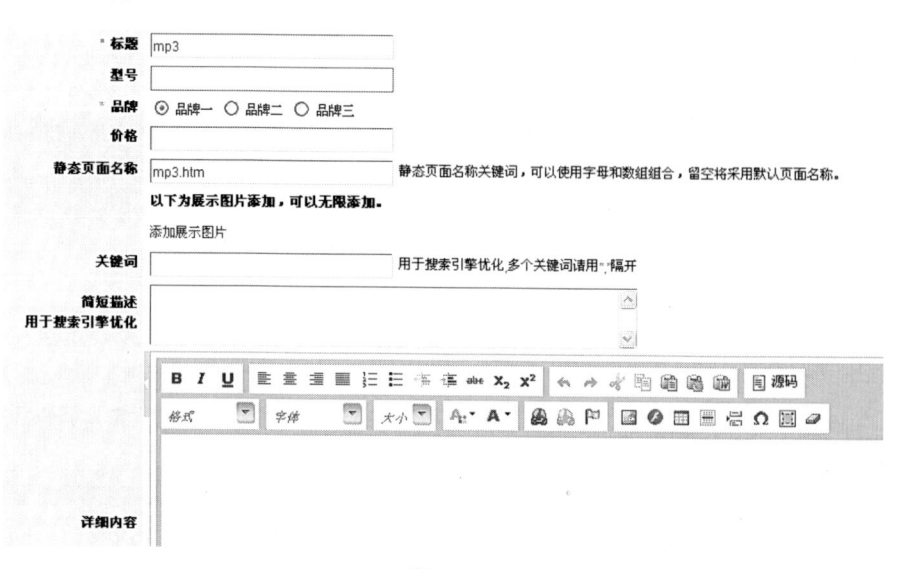

圖 3-1

（二）網站營運過程的搜索引擎提交工作

1. 提交搜索引擎

一個新站建設營運後，搜索引擎是不知道它的存在的，也不會去抓取和收錄，因此要主動向搜索引擎提交，告之網站的存在，加快搜索引擎收錄過程。只有網站被收錄了，才有可能在搜索引擎上取得較好的排名。

2. 百度提交示例

向百度搜索引擎提交新建網站，如圖 3-2 所示。

```
Baidu百度  网站登录

搜索帮助   竞价排名   网站登录   百度首页

网站登录

· 一个免费登录网站只需提交一页（首页），百度搜索引擎会自动收录网页。
· 符合相关标准您提交的网址，会在1个月内按百度搜索引擎收录标准被处理。
· 百度不保证一定能收录您提交的网站。

（例：http://www.baidu.com）
http://www.jiangezhan.com/
请输入验证码  [LP2B]  LP2B  [提交网站]
```

圖 3-2

3. 增設網站地圖，強化搜索引擎抓取和收錄

為了方便搜索引擎抓取和收錄，還可以在網站中專門建設網頁地圖，向各大搜索引擎提交。網絡上有關網頁地圖的介紹有很多，在此不做贅述。

（三）網站營運後的優化工作

在搜索引擎優化領域歷來有一個不成文的說法：內容為王，連結為皇。這也說明了網站營運中維護工作的核心：做內容和做連結。

1. 不斷更新網站，做高質量的內容

對於用戶而言，哪個網站能持續不斷地為其提供高質量的內容，用戶就會對它的專注度高些，同樣以用戶為中心的搜索引擎無疑也把該條規則列為排序的重要依據。這就要求企業做到以下兩點：

（1）設置網站可更新欄目。

網站要更新，首先它應該設置可更新的欄目。建站的前期要考慮到網站內容、欄目的可更新性，進行合理搭配。比如哪些欄目是可以更新的，首頁、欄目頁有哪些內容是可以更新的，前期就要規劃好。比如可以將產品展示、新聞動態、客戶常見問答、合作夥伴這些設置為可更新欄目，保證網頁有可以更新的欄目；同時首頁也可以設置精品欄目、企業新聞或典型客戶的推薦區，保持首頁的可更新性。

（2）定期更新網站內容。

可以定期發布企業新聞、新款產品、成功案例、合作夥伴，定期推薦不同的產品、新聞到網站首頁等。

定期發布內容的原創度、質量度越高越容易得到搜索引擎的青睞，同時適當地融合關鍵詞（密度2%~8%），是非常有利於企業網站排名的。

2. 做好網站的連結工作

連結工作是搜索引擎優化的一項關鍵性工作，因為搜索引擎排序的原則除了網站內容質量的優劣外，還有一項重要的原則就是投票原則。

網絡爬蟲在互聯網上採集信息遊走的路線是通過網站的連結來實現的，這樣網絡爬蟲很容易觀察出哪個網站的導入連結多，哪個網站的導入連結少，甚至沒有連結。

如果一個站點的導入連結多，相對而言，就意味著這個站點有較好的「人緣」，搜索引擎就會給其一個比較高的權重，有利於其排名。

（1）添加連結的方法。

①友情連結交換，可以通過在一些平臺或者QQ群交流交換連結。

②通過登錄各大分類目錄網站、B2B平臺、商務分類平臺留下連結。

③在免費的博客、論壇適當地留下連結。

④購買連結，由於一個網站營運初期友情連結不好交換，因此可以到一些網絡平臺去購買連結。

⑤網站內部添加連結，所謂內部連結是網站內部網頁與網頁之間的連結，內部連結對於提高網站中主要網頁的權重有相當重要的意義。

（2）添加連結中應注意的問題。

①添加高質量連結。企業網站在添加連結的過程中，與其添加大量質量不高的連結，不如添加幾個高質量的連結。業界人士一般認為PR值（頁面等級）高、原創度高、更新快、收錄量大的網站的連結為高質量連結。

②以關鍵詞作為錨文字。所謂錨文字就是做連結的文字。由於涉及相關性的問題，一般搜索引擎在通過一個錨文字打開一個連結的時候，搜索引擎已經將錨文字和打開網站做了一定的默認關聯。

③高質量連結是強化網站快速收錄的有效手段。因為搜索引擎對它的關注度比較高，網絡爬蟲會經常去抓取信息，所以有這種網站導入連結會加快網站被收錄的速度。

（四）搜索引擎優化過程中的一些問題

1. 關鍵詞的選取和使用問題

在搜索引擎行銷中，無論是搜索引擎推廣還是搜索引擎優化，都是基於用戶關鍵詞搜索開展的行銷活動，所以關鍵詞的選取和應用都是搜索引擎行銷工作的基石。有效的關鍵詞選擇和應用可以提高搜索引擎行銷效率，否則搜索引擎行銷工作將流於形式，入不敷出。

（1）關鍵詞的選取流程。

①選擇客戶常用的關鍵詞。

因為關鍵詞行銷對象是客戶，而不同區域、產品用於不同用途的客戶可能對關鍵詞有不同的叫法，所以站在客戶的角度去考慮關鍵詞是做好關鍵詞選擇的第一步。比如作為一個農貿商，他可能選用關鍵詞「番茄」，而客戶則更多地選用「西紅柿」。又如，中國大陸一般稱鼠標為鼠標，而臺灣地區則稱「滑鼠」。失之毫厘，謬以千里。錯誤的關鍵詞選擇不僅耗費財力、人力，更有可能讓企業貽誤戰機。

②結合客戶習慣，用網絡工具去篩選關鍵詞。

雖然傳統客戶的關鍵詞有一定指導意義，但同時還要借助於網絡關鍵詞工具去篩選，畢竟通過網絡關鍵詞工具能更準確地把握網絡客戶的搜索習慣。相應的網絡關鍵詞是網絡數據分析的結果，因此與客戶關鍵詞結合可以起到優勢互補的作用。一般常用的網絡工具有：百度指數、百度推廣後臺關鍵詞推薦工具、百度相關搜索、Google

關鍵詞工具等。

③避熱就冷，選擇有針對性的關鍵詞、長尾關鍵詞。

行業通行準則是在做網絡行銷關鍵詞選取的時候一般會避熱就冷，選擇有針對性的關鍵詞和長尾關鍵詞，而非熱門通用關鍵詞。初涉網絡行銷的企業在選擇關鍵詞的時候多數會選擇行業、產品通用關鍵詞，這些詞一般都是主關鍵詞、熱門關鍵詞，搜索量很大，但同時這些關鍵詞的競爭也比較激烈，而且更為重要的是這些關鍵詞針對性不強，搜索客戶中潛在客戶比例過少。與其選擇熱門關鍵詞，不如避熱就冷，多選擇有針對性的關鍵詞、長尾關鍵詞，這不但可以減少競爭，而且可以發掘準確的客戶需求。當然由於在有針對性的關鍵詞、長尾關鍵詞中多數包含熱門關鍵詞，因此一般當大量長尾關鍵詞做好的時候，也無形中提升了主關鍵詞、熱門關鍵詞的排名。

2. 關鍵詞選擇工具的應用

站在客戶的立場選好主關鍵詞和核心關鍵詞的情況下，接著可以使用一些網絡關鍵詞工具進行篩選，其使用過程如下：

（1）百度相關搜索。

在百度搜索框輸入核心關鍵詞「衣服」，下面就會有相關關鍵詞列表提示出現，如圖3-3。

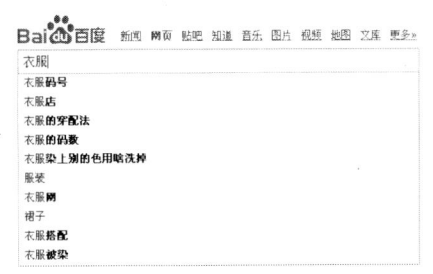

圖 3-3

同時在搜索結果的最下面也有相關搜索結果出現（如圖3-4），這和上面提示下拉列表的關鍵詞基本一致。能夠出現在這些地方的基本上都是一些搜索量比較大的關鍵詞，都是一些核心關鍵詞擴展出來的長尾關鍵詞。企業也可以有針對性地選擇更為精準的關鍵詞，不但競爭力度小，而且針對性會更強。

圖 3-4

(2) 使用百度指數。

百度指數是百度工具之一，用來分析某些關鍵詞在百度上的搜索熱度，可以用來判斷一個關鍵詞對客戶是否有價值。它只是一個比率指標，並不代表有具體的搜索量。如果某一關鍵詞有百度指數就說明該關鍵詞在百度上有一定的搜索量，同樣，指數越高說明搜索量越大。如果根本沒有顯示指數，就說明該關鍵詞搜索量過小。

(3) 其他關鍵詞工具。

如果企業主要是面向 Google 搜索引擎的優化，可以嘗試使用 Google 關鍵詞工具搜索。

除以上關鍵詞工具外，還可以使用百度搜索風雲榜、谷歌熱榜、搜狗指數、阿里巴巴採購排行榜、淘寶排行榜等來分析關鍵詞。

可以根據企業優化的搜索引擎的不同，選擇不同的關鍵詞分析工具。在利用這些關鍵詞工具篩選出更多的關鍵詞後，則可以根據企業客戶的真實需求選擇更為精準的關鍵詞和長尾關鍵詞。

2. 搜索引擎優化黑帽做法

搜索引擎優化的做法一般分為兩種：白帽做法和黑帽做法。白帽做法主要按嚴格正規的搜索引擎優化做法優化網站或網頁，而黑帽做法主要是用非正規的方法進行搜索引擎優化。由於黑帽做法有違搜索引擎工作的本質，多以欺騙搜索引擎、誘導客戶為主，因此這種做法是不值得提倡的，而且一旦被搜索引擎發現，就會被搜索引擎視為作弊行為，遭到搜索引擎懲罰，遭到降低排名、排名消失、減少收錄甚至被屏蔽的危險。目前被搜索引擎確定為作弊做法的主要有：

(1) 關鍵詞堆砌。

關鍵詞堆砌是指為了增加關鍵詞的出現頻次，故意在網頁代碼中，如在 META、title、註釋、圖片 ALT 以及 URL 地址等地方，重複書寫某關鍵詞的行為。

(2) 虛假關鍵詞。

設置虛假關鍵詞是指通過在 META 中設置與網站內容無關的關鍵詞，如 title 中設置熱門關鍵詞，以達到誤導用戶進入網站的目的。連結關鍵詞與實際內容不符也屬於此範疇。

(3) 隱形文本/連結。

隱形文本是指為了增加關鍵詞的出現頻次，故意在網頁中放一段與背景顏色相同、包含密集關鍵詞的文本。訪客看不到，搜索引擎卻能找到。類似方法還包括超小號文字、文字隱藏層等手段。隱形連結是在隱形文本的基礎上在其他頁面添加指向目標優化頁的行為。

(4) 重定向。

重定向是指使用刷新標記（Meta Refresh）、CGI 程序、Java、Javascript 或其他技術，當用戶進入該頁時，迅速自動跳轉到另一個網頁。重定向使搜索引擎與用戶訪問到不同的網頁。

(5) 偷換網頁。

偷換網頁也稱「誘餌行為」，是在一個網頁成功註冊並獲得較好排名後，用另一個

內容無關的網頁來替換它的行為。

（6）複製站點或內容。

複製站點或內容是指通過複製整個網站或部分網頁內容並分配以不同域名和服務器，以此欺騙搜索引擎對同一站點或同一頁面進行多次索引的行為。鏡像站點（Mirror Sites）是此中典型。

（7）橋頁/門頁。

橋頁是指針對某一關鍵詞專門製作一個優化的頁面，連結指向或重定向到目標頁面。有時候為動態頁面建立靜態入口，或為不同的關鍵詞建立不同內頁也會用到類似方法，但與橋頁不同的是，目標頁面是因網站實際內容所需而建立的，是訪問者所需要的，而橋頁本身無實際內容，只是針對搜索引擎做了一堆充斥了關鍵詞的連結而已。

（8）隱形頁面。

隱形頁面指同一個網址下對不同的訪問者選擇性返回不同的頁面內；搜索引擎得到了高度優化的網頁內容，而用戶則看到不同的內容。

需要聲明的是，在有些情況下，使用作弊的搜索引擎優化手段，在短期內是有利於搜索引擎排名的，但從根本上而言，違背了客戶優化的終極目標，從長期而言是不利於搜索引擎優化的。

3. 搜索引擎優化的其他問題

搜索引擎優化是一個系統性工程，而且是一個長期持續的過程，其中涉及的細節問題相當多，不止上述有些問題，還涉及網頁域名改變、服務器改變、框架網頁的改變等對應的搜索引擎優化對策。

三、百度推廣搜索引擎行銷

百度推廣是一種按效果付費的網絡推廣方式。每天網民在百度進行數億次的搜索，其中一部分搜索詞明確地表達了某種商業意圖，即希望購買某一產品，尋找提供某一服務的提供商，或希望瞭解該產品或服務相關的信息。同時，提供這些產品或服務的企業也在尋找潛在客戶，如圖3-5所示。通過百度推廣的關鍵詞定位技術，可以將高價值的企業推廣結果精準地展現給有商業意圖的搜索網民，同時滿足網民的搜索需求和企業的推廣需求。

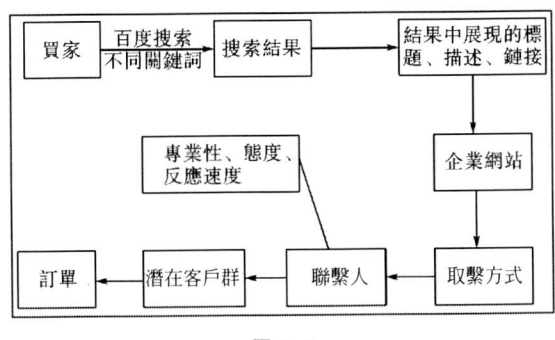

圖3-5

百度推廣具有覆蓋面廣、針對性強、按效果付費、管理靈活等優勢。您可以將推廣結果免費地展現給大量網民，但只需為有意向的潛在客戶的訪問支付推廣費用。相對於其他推廣方式，您可以更靈活地控制推廣投入，快速調整推廣方案，通過持續優化不斷地提升投資回報率。

1. 註冊百度推廣帳戶

先註冊百度推廣帳戶，並支付必要的預付款項，如圖 3-6 所示。在收到款項並確認您的帳戶內已添加關鍵詞後，百度將在兩個工作日內處理您的申請，對您的推廣資質進行初步審核，處理完畢後即可為您開通帳戶。

圖 3-6

如您所在地區已存在百度分公司或地區代理商，您也可以直接聯繫他們為您辦理百度推廣的帳戶開通與服務申請事宜，如圖 3-7。

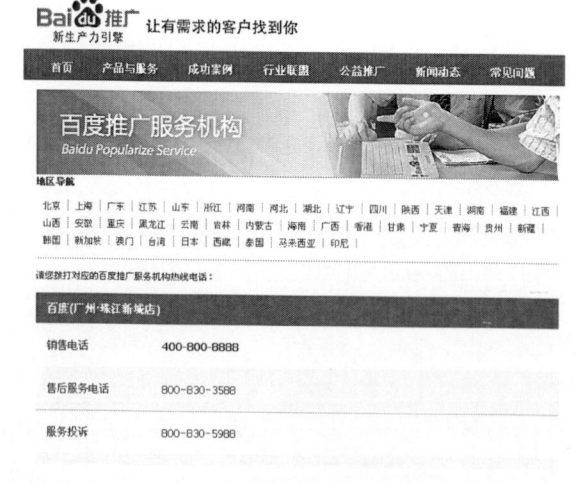

圖 3-7

2. 登錄百度推廣帳戶

輸入 http：//e.baidu.com/ 進入相關頁面，點擊右上角客戶登錄，進入輸入頁面，如圖 3-8。

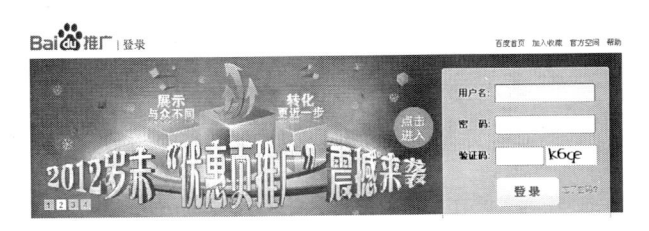

圖 3-8

3. 查看百度推廣帳戶界面

輸入用戶名、密碼和驗證碼，點擊登錄，登錄後看到如圖 3-9 的界面。

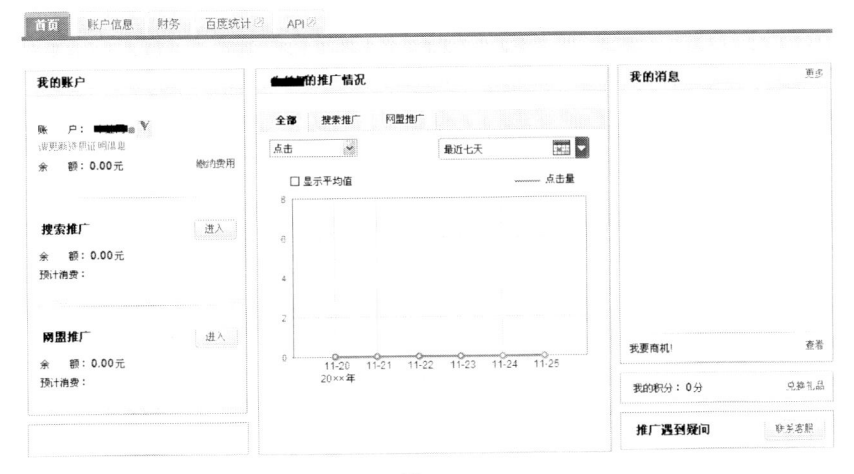

圖 3-9

界面詳解：

（1）在帳戶旁邊有一個灰色的「V」，它是一個公司真實性驗證的系統的標志，在加「V」後會被點亮。在網頁搜索中出現公司的名稱後 LOGO 會在搜索頁左端顯示出來。

（2）某公司在百度推廣上的情況。

某公司在百度推廣上的情況包括全部、搜索推廣、網盟推廣三個項目。可點擊圖標以瞭解相關情況。可選擇性觀看點擊和消費兩項。

時間設定能選擇近一年的點擊與消費記錄，並以圖表的形式觀看。點開可看到6個選項可供選擇（如圖 3-10），自定義時間段可以隨意選擇兩個時間進行觀看對比。如選擇時間跨度較大可選擇「顯示平均值」進行觀看。

圖 3-10

4. 推廣概況界面

點擊搜索推廣旁的「進入」，進入「推廣概況」界面，如圖 3-11。

圖 3-11

（1）日預算和推廣地域可以修改，點擊「其他設置」可進入一個設置界面，如圖 3-12所示。

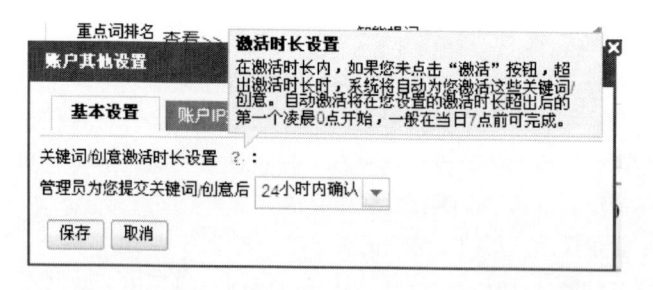

圖 3-12

在此處可設置創意激活時間，有立即、24 小時內、72 小時內三種。

（2）帳戶 IP 設置則可以避免公司人員在搜索相關詞條驗證時，相關廣告的展現導致的自行消費。點擊帳戶 IP 設置有操作方法提示。

5. 推廣管理

點擊「推廣管理」欄目，進入「推廣管理」界面，如圖 3-13。

圖 3-13

帳戶樹下只有一個帳戶，此帳戶名叫×××網，帳戶名不能重名。用戶名下面有多個計劃（可以有 100 個計劃），如產品精確詞。計劃之下分為多個單元（可以有 100 個單元），如 LED 燈。在單元之下就是各種關鍵詞了。

6. 添加創意

點擊產品精確詞這個計劃項就可進入「創意」界面。點擊「新建創意」即可添加創意，如圖 3-14。

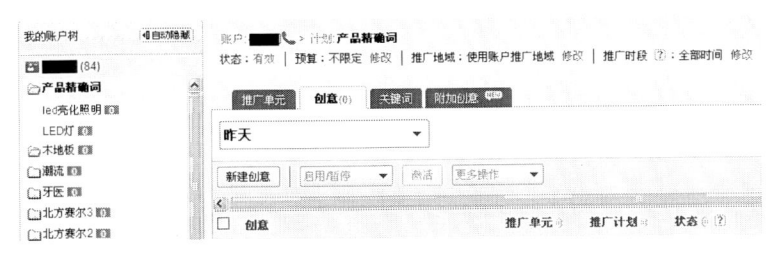

圖 3-14

（1）添加創意，左上方顯示為「產品精確詞」計劃「led 亮化照明」單元，右邊的預覽起對比顯示的作用，如圖 3-15。

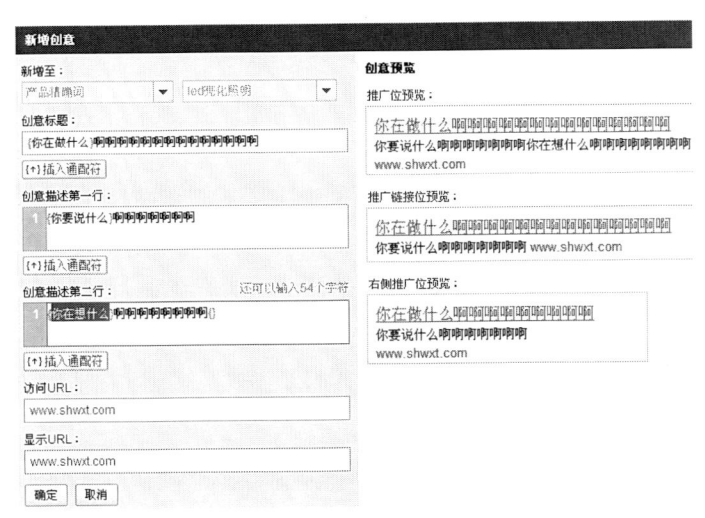

圖 3-15

（2）在推廣計劃展現頁可以調節展現時間以便於資金的合理利用。創意展現方式有優選和輪替兩種。在先期都應以輪替為主，這樣才能達到最好效果，如圖3-16。

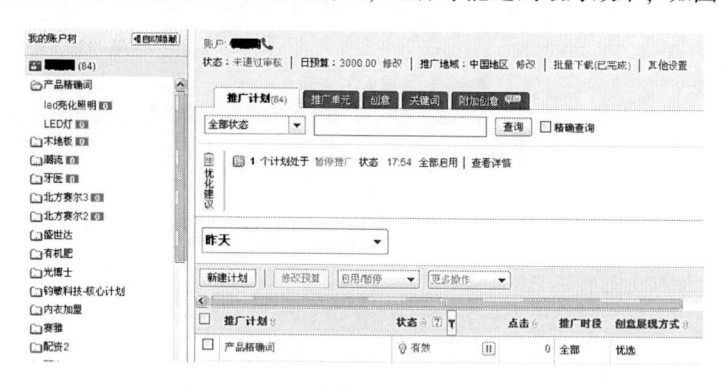

圖 3-16

（3）附加創意，即為推廣蹊徑，點擊「附加創意」進入「新增子鏈」頁面，如圖3-17。

圖 3-17

提示：只有你的網站在網站關鍵詞搜索量達到第一的時候，蹊徑才會顯現在百度搜索頁上，如圖3-18所示，搜索下面的5項即為蹊徑在百度搜索上的展現形式。

圖 3-18

填寫子連結的時候應使用英文輸入法。

7. 添加關鍵詞

（1）點擊「關鍵詞」進入關鍵詞添加頁面，進行關鍵詞的添加，如圖3-19。

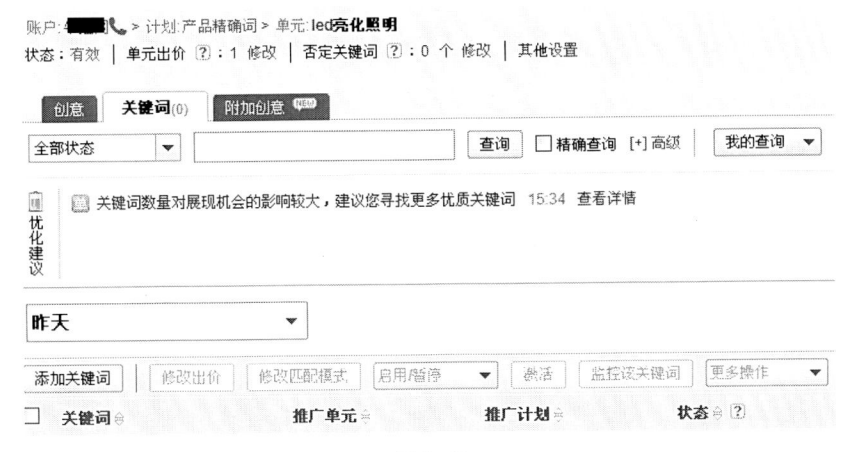

圖 3-19

（2）在「搜索關鍵詞」處進行搜索後，會出現很多關鍵詞，例如輸入「光模塊」。黑色馬頭表明近期搜索量異常火爆。馬頭後的 表示添加關鍵詞在點擊後會出現在左上角的已選擇關鍵詞內， 表示點擊後會屏蔽該關鍵詞，如圖3-20。

圖 3-20

（3）點擊左下角的保存後會顯示如圖 3-21 的界面。

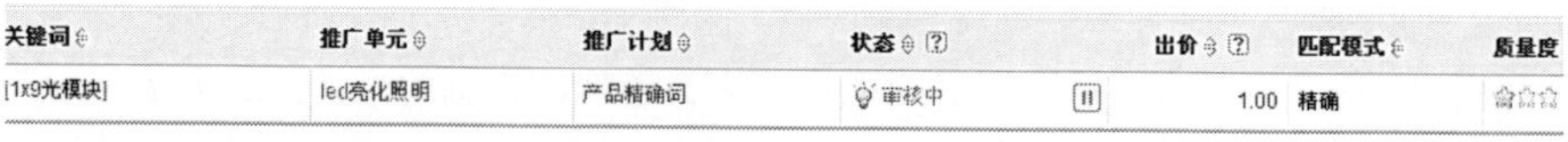

关键词	推广单元	推广计划	状态	出价	匹配模式	质量度
1×9光模块	led亮化照明	产品精确词	审核中	1.00	精确	

圖 3-21

圖 3-21 從小到大描述關鍵詞所屬：
1×9 光模塊（關鍵詞）—led 亮化照明（推廣單元）—產品精確詞（推廣計劃）。
狀態處可以點擊暫停此推廣關鍵詞。
出價可以修改到適合於市場的價格。
匹配模式有精確、廣泛、短語三個模式。
精確：只有在百度上搜索與相關關鍵詞一模一樣的時候才會展現相關信息。
廣泛：被定義為廣泛的關鍵詞，只要搜索的時候帶有類似的意思或包含其中一部分，都可能搜索到我們的網站信息。但是搜索「火爐」會搜索到「電爐廠」，因此，廣泛關鍵詞要謹慎選擇投放。
短語：只要搜索的時候全部包含相關關鍵詞就都可以搜索到。如關鍵詞為「盛華」，搜索「盛華微系統」或「盛華光模塊」都可搜索到關鍵詞「盛華」所屬的創意界面。

8. 帳戶控制
在帳戶欄和計劃欄內都有預算可以設定。帳戶控制總的預算量，在各個計劃點擊費用達到總預算的時候就會停止上架。計劃預算可以高於帳戶預算，但是還是以帳戶預算為準。預算可以隨時調整，如圖 3-22 和圖 3-23。

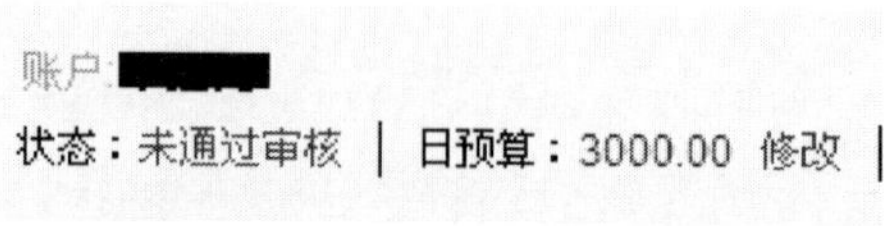

账户： ▇▇▇
状态：未通过审核 | 日预算：3000.00 修改 |

圖 3-22

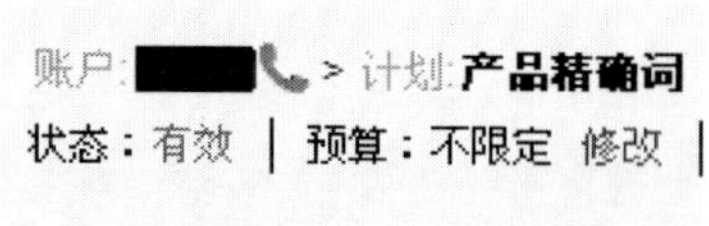

账户： ▇▇▇ > 计划：产品精确词
状态：有效 | 预算：不限定 修改 |

圖 3-23

四、對比搜索引擎收錄情況

1. 對比不同搜索引擎論壇博客信息收錄結果
在論壇或博客裡新發表一篇文章，或新建一個網站或空間，對比百度、谷歌、雅虎收錄結果。
（1）以威鋒網論壇為例，在論壇裡發帖，登錄 http：//bbs. weiphone.com，註冊帳號，如圖 3-24 所示。

第三章　搜索引擎行銷實訓

圖 3-24

（2）登錄，如圖 3-25 所示。

圖 3-25

（3）發帖，如圖 3-26 所示。

圖 3-26

（4）分別登錄百度、谷歌、雅虎搜索引擎，輸入發帖標題搜索，查看對比收錄情況，如圖 3-27 所示。

圖 3-27

2. 對比不同搜索引擎關鍵詞收入量

分別登錄百度、谷歌、雅虎搜索引擎，搜索關鍵詞「中國大學」，對比其收錄相關網頁數量。

3. 對比不同搜索條件限制的搜索結果

在百度的高級搜索裡，增加對搜索條件的限制，對比分析其搜索結果的變化。如首先只限制關鍵詞（如西安精密無縫鋼管—西安無縫鋼管—無縫 鋼管），然後加入對搜索結果顯示條數的限制，對搜索時間和語言的限制等等，學習高級搜索的使用。

（1）搜索關鍵詞「西安精密無縫鋼管」，設置參數（如圖 3-28），搜索結果如圖 3-29

所示。

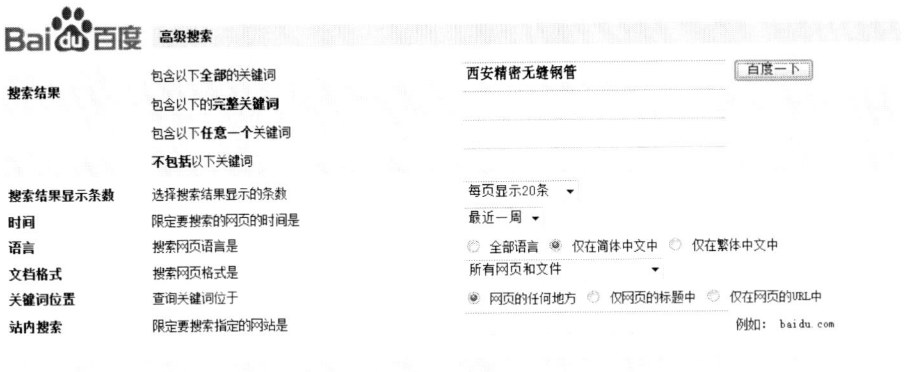

圖 3-28

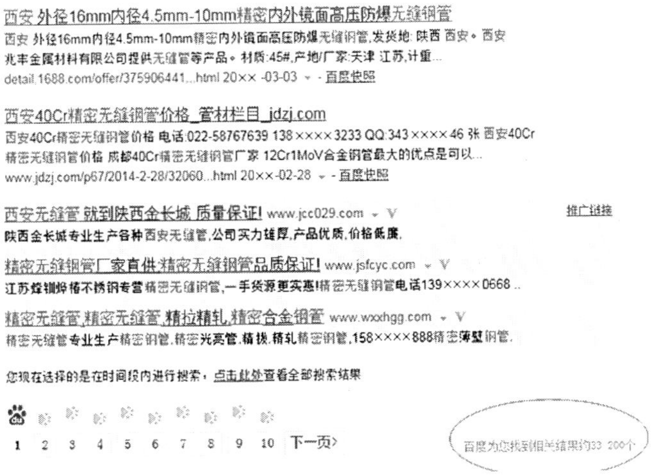

圖 3-29

（2）搜索關鍵詞「西安無縫鋼管」，設置參數（如圖 3-30），搜索結果如圖 3-31 所示。

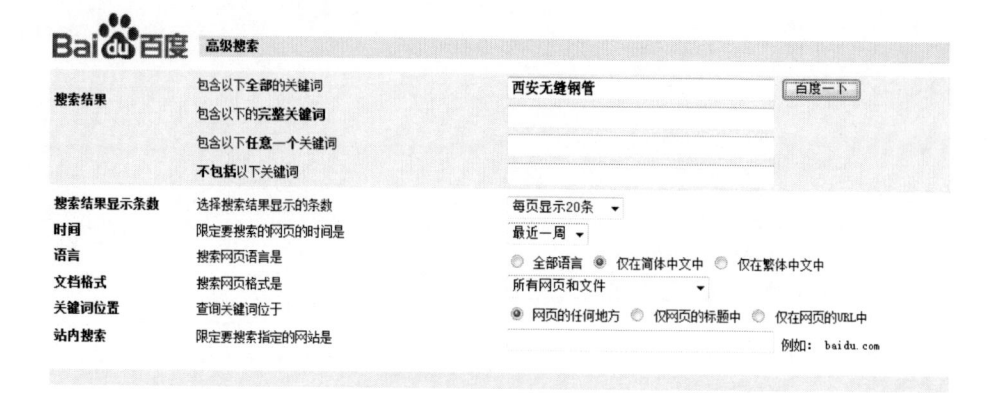

圖 3-30

圖 3-31

（3）搜索關鍵詞「無縫 鋼管」，設置參數（如圖 3-32），搜索結果如圖 3-33 所示。

圖 3-32

圖 3-33

討論思考

1. 全文搜索引擎和目錄索引引擎的區別是什麼？
2. 百度推廣展現形式有哪些？推廣信息出現的位置由什麼決定？
3. 各個搜索引擎對同類網站的收錄情況是否相同？如果不相同，各個搜索引擎各有什麼特點？

第四章　許可式電子郵件行銷實訓

實訓目的和意義

電子郵件已經成為世界上廣受歡迎的通信模式，電子郵件行銷具有與顧客直接溝通、便宜、彈性、容易實現等特點。

本次實訓的目的和意義：
（1）認識許可電子郵件行銷在網絡行銷中的作用。
（2）學習瞭解電子郵件地址的管理方式。
（3）掌握電子郵件服務器的配置。
（4）學習電子郵件的內容技巧。

實訓內容

一、認識許可式電子郵件行銷

（1）什麼是許可郵件行銷。
（2）許可郵件行銷的主要形式。
（3）許可郵件行銷的作用。

二、微網群發軟件下載及安裝

（1）下載微網郵件群發 V1.0 版軟件。
（2）配置微網群發軟件環境：IIS 的配置。
（3）查看微網群發軟件「服務器參數」，下載並安裝相應組件。

三、電子郵件地址的管理

（1）添加查看郵件地址分類。
（2）添加查看郵件地址列表。

四、電子郵件服務器的配置

（1）理解 SMTP 郵件服務器的含義與作用。
（2）配置微網郵件群發 V1.0 版郵件服務器。

五、電子郵件的發送

（1）郵件標題的設置。
（2）文本格式郵件內容的製作及發送。
（3）多媒體郵件內容的製作及發送。

實訓任務

一、認識許可式電子郵件行銷

（1）許可式電子郵件行銷，是一種電子郵件的收信人事前同意收到銷售郵件的廣告行銷形式。你的郵箱是否經常收到行銷郵件？有宣傳產品的，有宣傳網站的，也有發布促銷活動的，等等，如圖4-1和圖4-2。

圖4-1

圖4-2

（2）打開 DHC 的電子郵件行銷頁面：點擊打開行銷郵件，如圖 4-3。

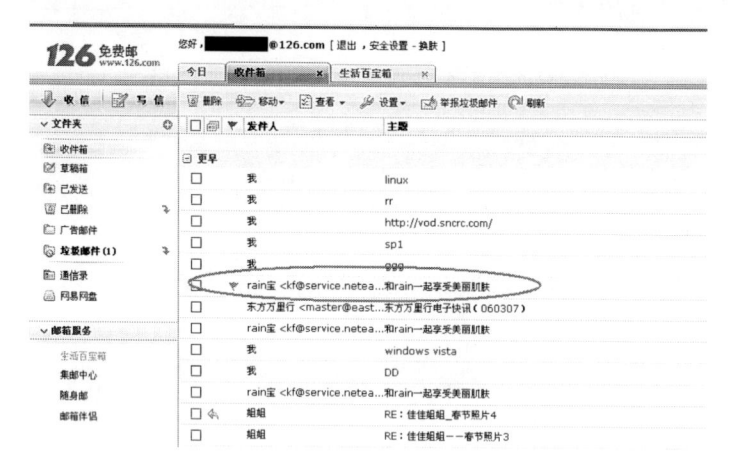

圖 4-3

（3）點擊行銷頁面，連結到 DHC 主頁，如圖 4-4。

圖 4-4

（4）在主頁上點擊「免費贈送試用裝」，如圖 4-5。

圖 4-5

（5）打開領取免費試用裝的頁面。
（6）當然沒有免費的午餐，你需要填一些調查表，如圖4-6。

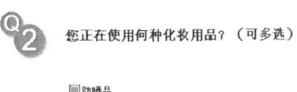

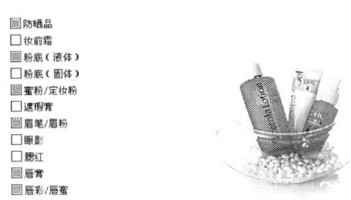

圖 4-6

（7）填完調查表以後點擊「索取試用裝」，如圖4-7。

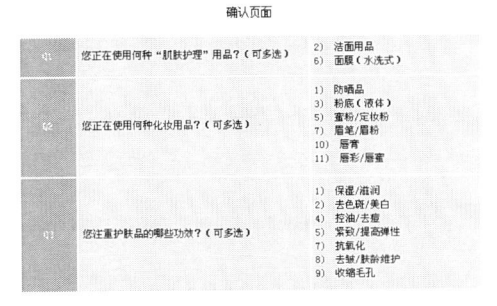

圖 4-7

（8）填寫自己的詳細信息，如圖 4-8 和圖 4-9。

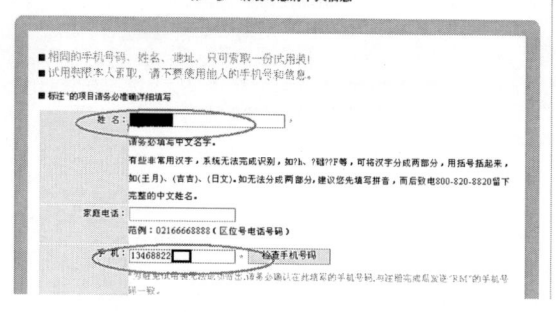

圖 4-8

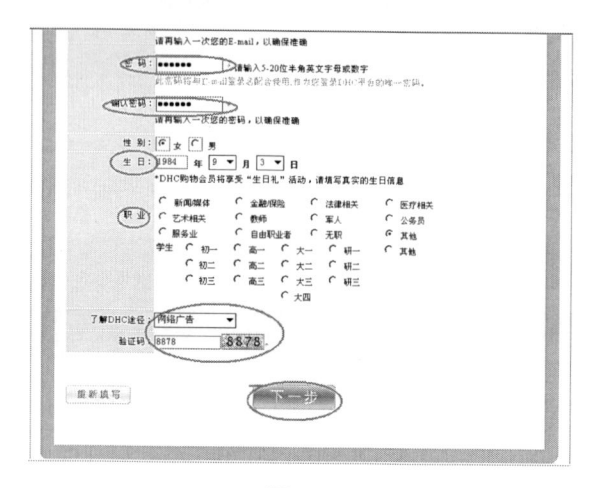

圖 4-9

（9）填寫完信息以後，再次確認信息，如圖 4-10。

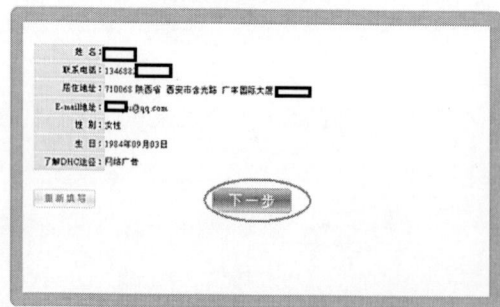

圖 4-10

（10）發送短信進行確認，如圖 4-11。

圖 4-11

（11）確認以後，又會跳轉到一個會員的活動頁面，如圖 4-12。

圖 4-12

（12）通過以上步驟，你已經通過 DHC 的行銷來到它的網站，完成了它所設計的調查。作為回報，你會得到一個免費的試用裝。DHC 的行銷也達到了設計的效果。

二、微網群發軟件下載及配置

進行郵件行銷需要借助郵件群發軟件。郵件群發軟件很多，如微網郵件群發、U-MAIL、雙翼郵件群發等。本例以微網郵件群發 V1.0 版軟件為例介紹郵件群發軟件的使用。

1. 微網郵件群發軟件的下載

下載地址為 http：//down．chinaz．com/soft/18960．htm。

下載完成後將文件解壓至 E（或其他盤符）：\ vwenmail 文件夾中。

2. 微網群發軟件配置

由於微網群發軟件是 ASP（動態服務器頁面）編寫的網站形式，因此需要配置 IIS 服務器。

（1）點擊「開始」—「控制面板」—「管理工具」找到「Internet 信息服務」，雙擊「Internet 信息服務」，如圖 4-13。

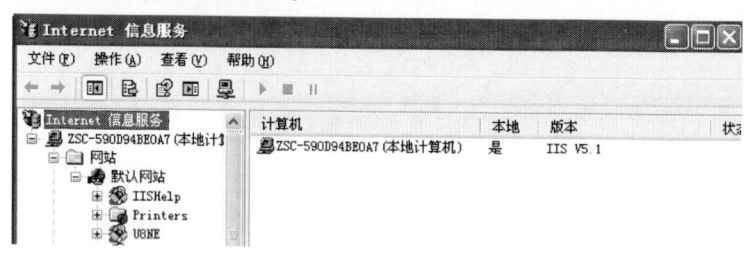

圖 4-13

（2）選擇「默認網站」，點擊鼠標右鍵，選擇「新建」，點擊「虛擬目錄」，進入虛擬目錄創建向導，如圖 4-14 和圖 4-15。

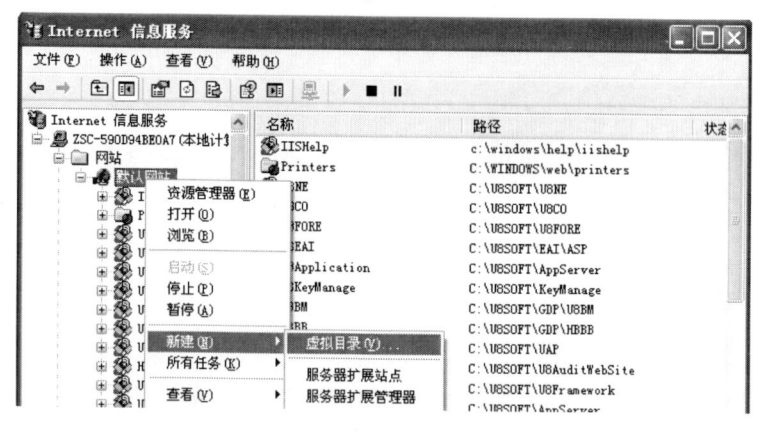

圖 4-14

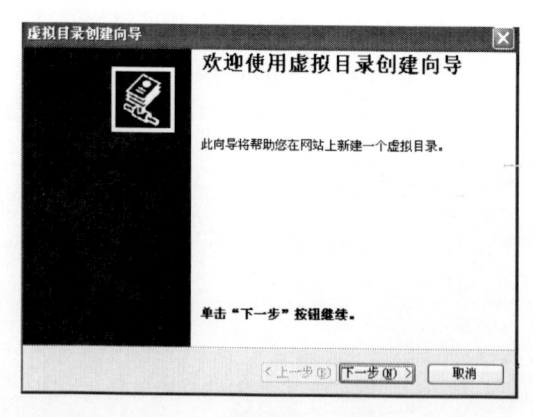

圖 4-15

第四章　許可式電子郵件行銷實訓

（3）點擊「下一步」，在「別名」處輸入「VWENMAIL」，點擊「下一步」，如圖4-16。

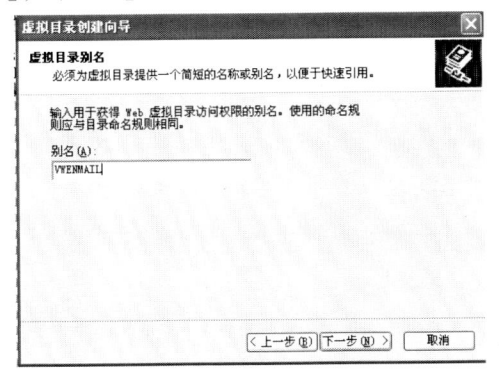

圖 4-16

（4）在「目錄」處點擊「瀏覽」，將目錄路徑設置為「E:\vwenmail」，點擊「確定」，點擊「下一步」，如圖4-17。

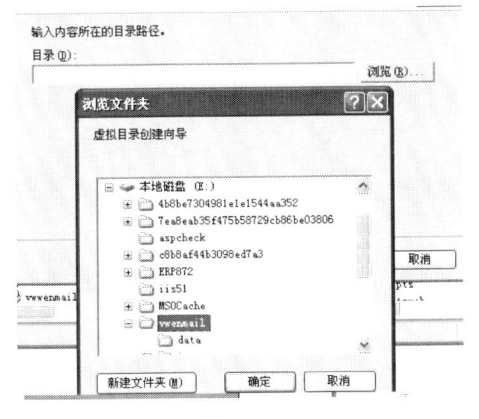

圖 4-17

（5）訪問權限按照默認設置，點擊「下一步」，完成微網群發軟件 IIS 的配置，如圖4-18和圖4-19。

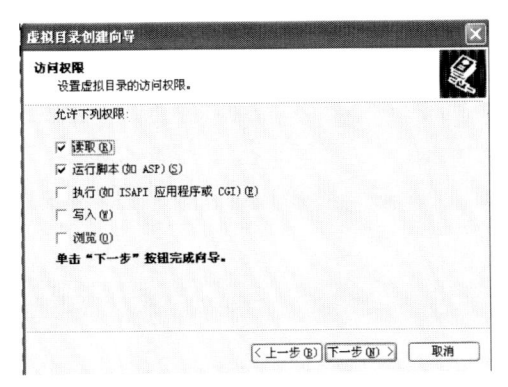

圖 4-18

73

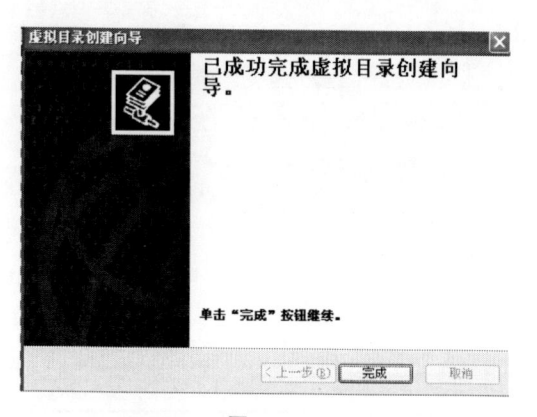

圖 4-19

(6) 打開瀏覽器，在地址欄輸入 http：//127.0.0.1/VWENMAIL/mail_login.asp，打開微網登錄頁面，輸入用戶名和密碼（都為 admin），輸入安全碼，點擊「提交」，登錄微網系統，如圖 4-20。

圖 4-20

(7) 在微網系統中，點擊「系統首頁」查看「服務器參數」，要確定文件上傳和管理組件、收發郵件組件和圖像處理組件等組件可以使用，如圖 4-21。若這些組件不滿足要求，請下載安裝。

圖 4-21

(8) 微網郵件群發系統配置完成。

三、電子郵件地址的管理

(1) 進入「微網郵件群發系統」，如圖 4-22。

圖 4-22

(2) 打開郵件地址管理，如圖 4-23。

圖 4-23

(3) 點擊「郵件分類添加」，如圖 4-24。

圖 4-24

(4) 查看郵件分類列表，如圖 4-25。

圖 4-25

(5) 添加用戶郵件地址，如圖 4-26。

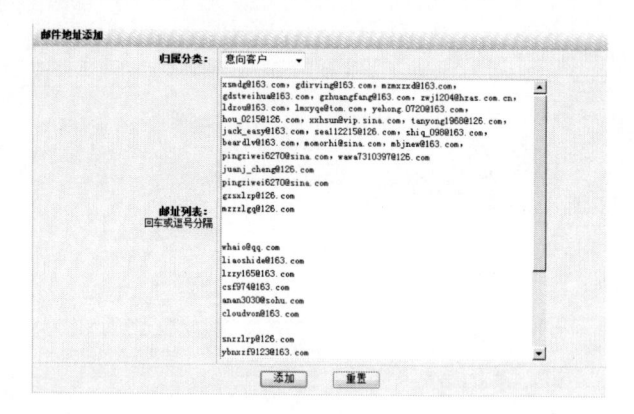

圖 4-26

(6) 如果添加失敗，可以返回重新添加，如圖 4-27。

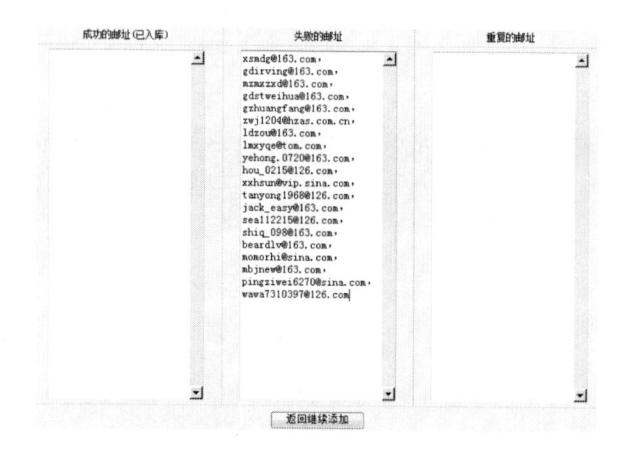

圖 4-27

(7) 查看剛才添加的郵件地址列表，如圖 4-28。

圖 4-28

第四章　許可式電子郵件行銷實訓

(8) 分類查看郵件地址列表，如圖 4-29。

圖 4-29

四、電子郵件服務器的配置

(1) 進入「微網郵件群發系統」，如圖 4-30。

圖 4-30

(2) 打開發送郵件管理，如圖 4-31。

圖 4-31

77

（3）添加郵件服務器，如圖 4-32。

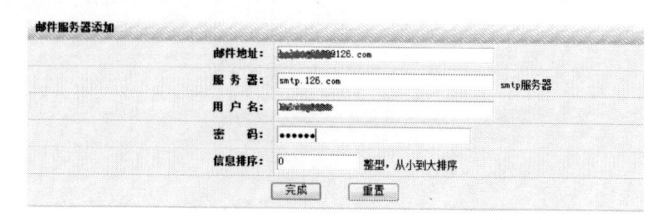

圖 4-32

提示：SMTP 是簡單郵件傳輸協議，必須添加 SMTP 服務器才能發送郵件。SMTP 服務器的格式為「smtp. 郵件域名.com」。

（4）查看郵件服務器列表，如圖 4-33。

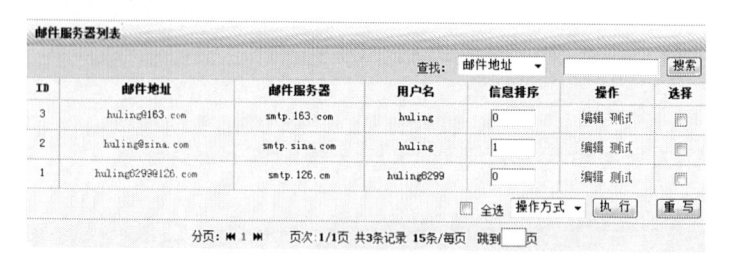

圖 4-33

提示：郵件服務器可以有多個，在發送郵件的時候可以選擇其中一個郵件服務器。

五、電子郵件的發送

（1）進入「微網郵件群發系統」，如圖 4-34。打開發送郵件管理，點擊「添加郵件內容」。

圖 4-34

（2）添加郵件內容，如圖4-35。

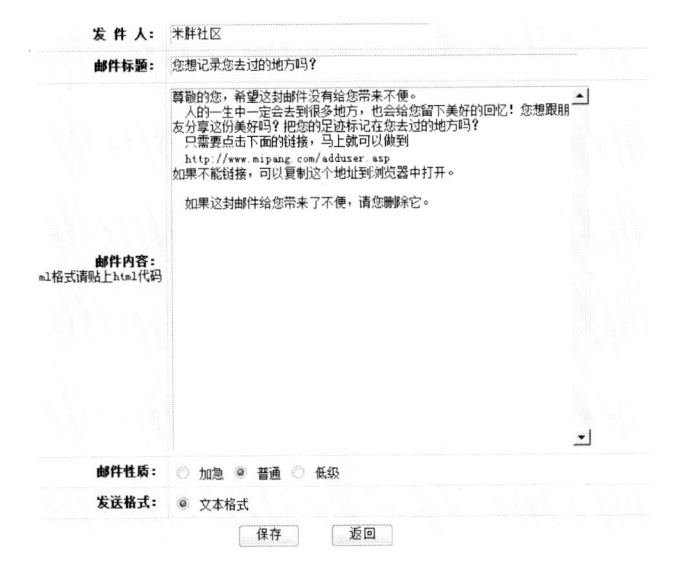

圖4-35

（3）查看郵件內容列表，如圖4-36。

圖4-36

（4）發送郵件，如圖4-37。

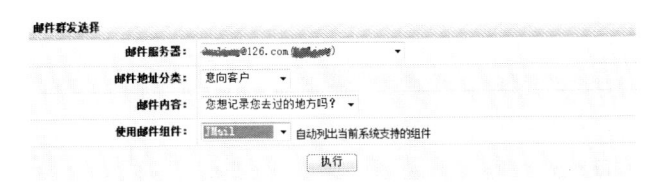

圖4-37

（5）郵件發送完畢，會彈出信息提示，如圖4-38。

圖4-38

（6）查看歷史發送記錄，如圖4-39。

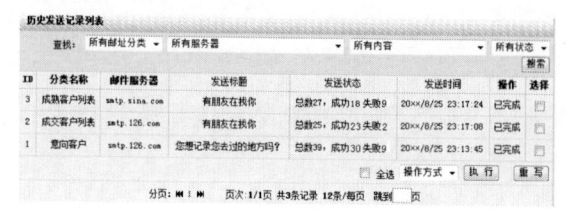

圖4-39

討論思考

1. 電子郵件行銷有何特點？市場如何細分？
2. 你會打開所有的行銷郵件還是有針對性地打開某些需要的行銷郵件？
3. 試分析電子郵件行銷的優勢和局限性。
4. 郵件地址分類有何作用？
5. 郵件地址的添加有沒有更好的方法？
6. 什麼是SMTP服務器？有何作用？
7. 為什麼可以設多個郵件服務器？
8. 各個郵件服務提供商都可以開發SMTP服務嗎？
9. 如何擬定郵件的主題？
10. 郵件的內容該如何編輯？
11. 發送記錄有何用途？

第五章　網絡廣告實訓

實訓目的和意義

自 1997 年中國互聯網出現第一個商業性網絡廣告以來，網絡廣告一直受到不少人的青睞。

本次實訓的目的和意義：

（1）通過閱讀一些專業諮詢公司對網絡廣告的分析報告，瞭解網絡廣告對網絡行銷的作用，瞭解如何有效地支持網絡行銷。

（2）通過認識和點擊一些 Banner 廣告，瞭解 Banner 對網絡行銷的作用，瞭解其如何有效地支持網絡行銷。

（3）通過對插播廣告形式的認識，瞭解插播廣告對網絡行銷的作用，瞭解其如何有效地支持網絡行銷。

（4）通過對網絡廣告媒體投放的認識，能夠結合實際情況選擇網絡廣告投放媒體。

（5）理解網絡廣告創意的原則和方法，能夠通過網絡廣告製作工具進行初步的網絡廣告製作。

（6）通過對網站聯盟的認識，瞭解網站聯盟對網絡行銷的作用，瞭解其如何有效地支持網絡行銷。

實訓內容

一、瞭解網絡廣告的基本知識

（1）網絡廣告的概念。
（2）網絡廣告的特點。
（3）網絡廣告的計費方式。
（4）網絡廣告策劃。
（5）網絡廣告發展現狀。

二、認識網絡廣告的主要形式

（1）圖形類廣告。
（2）固定文字鏈廣告。
（3）富媒體廣告。

（4）視頻廣告。

（5）搜索引擎廣告。

（6）聯盟廣告。

（7）電子郵件廣告。

（8）其他媒體廣告。

三、網絡廣告的投放媒體選擇

（1）選擇合適的網絡媒體。

（2）網絡廣告主要投放媒體：綜合門戶網站、垂直網站。

四、網絡廣告的創意與製作

（1）網絡廣告創意的原則與方法：網絡廣告的創意原則、網絡廣告的創意方法、網絡廣告創意實例。

（2）網絡廣告的製作要素與工具。

五、網站廣告聯盟

以當當網為例練習當當網網站聯盟的操作流程。

實訓步驟

一、瞭解網絡廣告的基本知識

（一）網絡廣告的概念與特點

1. 網絡廣告的概念

所謂網絡廣告，就是指在因特網站點上發布的以數字代碼為載體的經營性廣告。廣告界甚至認為互聯網絡廣告將超越戶外廣告，成為傳統四大媒體（電視、廣播、報紙、雜誌）之後的第五大媒體。

2. 網絡廣告的特點

與傳統的媒體廣告相比，網絡廣告有著得天獨厚的先天優勢。

（1）覆蓋面廣。

網絡廣告的傳播範圍廣泛，可以通過國際互聯網絡把廣告信息全天候、24小時不間斷地傳播到世界各地，不受地域限制，也不受時間限制。

（2）自主性強。

眾所周知，報紙廣告、雜誌廣告、電視廣告、廣播廣告、戶外廣告等都具有強迫性，都是要千方百計吸引目標受眾的視覺和聽覺，強行灌輸到目標受眾的腦中。而網絡廣告則屬於按需廣告，具有報紙分類廣告的性質卻不需要受眾徹底瀏覽，它可讓受眾自由查詢，大大節省了受眾的時間，避免無效的被動的注意力集中。

（3）統計準確性高。

利用傳統媒體做廣告，要準確地知道有多少人接收到廣告信息。以戶外廣告為例，雖然可以大概知道投放地域的人流量有多少，但無法準確統計看到此廣告的人數，只能做一些含糊估算和推測。而網絡廣告則不同，無論是廣告在用戶眼前曝光的次數，還是用戶產生興趣後進一步點擊廣告，以及這些用戶查閱的時間分佈和地域分佈，都可以進行精確的統計，從而有助於客商正確評估廣告效果，審定廣告投放策略。

（4）調整即時性強。

在傳統媒體上做廣告發布後很難更改，即使可改動也需付出一定的資金和浪費不少時間。而在互聯網上投放的廣告能按照需要及時變更廣告內容，因而可以及時調整和實施經營策略。

（5）交互性和感官性強。

網絡廣告的載體基本上是多媒體、超文本格式文件，只要受眾對某樣產品感興趣，僅需輕按鼠標就能進一步瞭解更多更為詳細、生動的信息，從而使消費者能親身「體驗」產品、服務與品牌。如能將虛擬現實等新技術應用到網絡廣告，讓顧客如身臨其境般感受商品或服務，並能在網上預訂、交易與結算，將大大增強網絡廣告的實效。

（二）網絡廣告的計費方式

1. CPC（Cost Per Click）：千人點擊成本

CPC 按照點擊次數計費，不點擊不收費，為廣告主帶來最有價值的訪問人群。該計費模式下的最常見廣告形式為關鍵詞廣告，如圖 5-1。

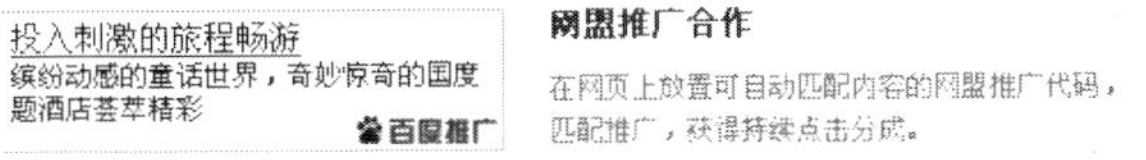

圖 5-1

2. CPM（Cost Per Mille）：千人印象成本

CPM 指的是廣告投放過程中，聽到或者看到某廣告的每一人平均分擔到多少廣告成本。至於 CPM 的收費究竟是多少，要根據以主頁的熱門程度（即瀏覽人數）劃分的價格等級採取固定費率，通常新浪、網易等網站大部分網頁廣告均採用計時方式收費，這是典型的 CPM 廣告形式。

3. CPA（Cost Per Action）：每行動成本

CPA 計價方式是指按廣告投放實際效果，即按有效的註冊量或銷售量來計費，而不限廣告投放量。如百度廣告聯盟業務風行網絡電影推廣，將廣告投放在中小網站上，網民通過訪問中小網站進行會員註冊，下載安裝風行電影軟件，按有效用戶付費，單價為1.2元/有效用戶，如圖5-2。

圖 5-2

4. CPS（Cost Per Sales）：每銷售成本

CPS 即以實際銷售產品的提成來換算廣告刊登金額。阿里媽媽淘寶客，借助占領國內網購市場 80% 市場份額的淘寶網，服務超過 20 萬家淘寶店，同時吸引超過 30 萬的站長加盟，可以說是一個典型的 CPS 聯盟廣告平臺。

（三）網絡廣告策劃

網絡廣告策劃指根據廣告主的網絡行銷計劃和廣告目標，在市場調查的基礎上對廣告活動進行的整體規劃或戰略決策，包括廣告目標的制定、戰略戰術研究、經費預算等等，最終訴諸文字，形成一個與市場情況相適應的、經濟有效的廣告策劃方案。

一個較完整的廣告策劃主要包括五個方面的內容：市場調查、網絡廣告的定位、創意製作、廣告媒介安排、網絡廣告效果測評。廣告策劃工作使廣告準確、獨特、及時、有效地傳播，以刺激需要、誘導消費、促進銷售、開拓市場。網絡廣告策劃一般流程參考項目案例。

本項目著重介紹網絡廣告的創意與製作、網絡廣告的發布形式與媒體選擇方法和技巧兩個方面的內容。

（四）瞭解網絡廣告發展現狀

1994 年 10 月 27 日美國著名的 Hotwired 雜志推出了網絡版，並首次在網上推出了網絡廣告，標志著網絡廣告的正式誕生。國內的網絡廣告誕生於 1997 年 3 月，廣告媒體是 IT 專業網站 ChinaByte，首批廣告廠商是 Inter、IBM 等國際知名公司。

（1）打開 http：//www.iresearch.com.cn 首頁，註冊成為會員，如圖 5-3。

圖 5-3

（2）瀏覽首頁下方的研究報告，點擊「免費報告」，選擇文章主題，查看文章內容，並下載免費報告，如圖 5-4 和圖 5-5。

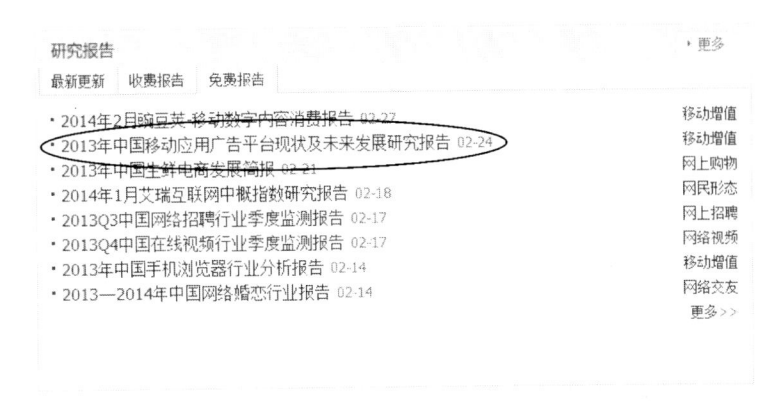

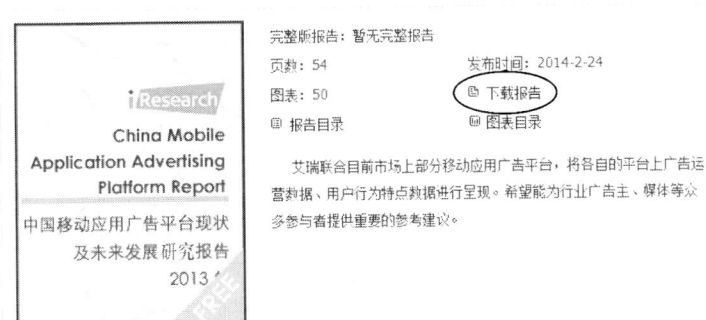

圖 5-4

圖 5-5

二、認識網絡廣告的主要形式

(一) 圖形類廣告

圖形類廣告主要是指在網站以靜態或動態的圖片或 Flash 形式表達廣告內容的形式。圖形類廣告目前是網絡廣告的主流。其優點為對用戶有一定吸引力，廣告位較標準和豐富；缺點為表現形式太單一，內容較簡單。

圖形類廣告主要表現形式有按鈕廣告、畫中畫廣告、擎天柱廣告、通欄廣告、全

屏廣告、對聯廣告、導航條廣告、焦點圖片廣告、彈出窗口廣告和背投廣告等。現按廣告效果介紹以下五種形式：

1. 焦點圖片廣告

中國互聯網協會發布的數據顯示，互聯網用戶對焦點圖片廣告接觸度最高，其發布價格相對也較高。

2. 彈出窗口廣告

彈出窗口廣告是指訪問者在打開網站首頁或頻道首頁的同時，彈出一個窗口廣告，在其瀏覽主要頁面的同時，即可讓其注意到企業的網絡廣告信息。據中國互聯網協會發布的統計數據，互聯網用戶對彈出窗口接觸度名列第二。彈出窗口廣告目前發布價格較高。其缺點為訪問者打開網頁時強制彈出窗口，被稱為惡意流氓文件，訪問者可通過卡卡助手等工具來攔截。

3. 通欄廣告

通欄廣告以橫貫頁面的形式出現，該廣告形式尺寸較大，視覺衝擊力強，能給網絡訪客留下深刻印象，由 GIF 或 Flash 動畫製作。通欄廣告由於效果較好，在網上很流行，其價格也較高；較便宜的為動漫、天氣首頁通欄。

4. 按鈕廣告

按鈕廣告發布的位置通常位於主頁面左欄，首屏、頻道和次頁、最終頁左欄；由 GIF 或 Flash 動畫製作廣告牌，動態顯示公司或產品的圖標，非常引人注意。

5. 全屏廣告

全屏廣告即在瀏覽者瀏覽網頁的第一時間，以全屏方式展現廣告，5~10 秒後自動關閉。全屏廣告以絕對的視覺衝擊，保證每個訪問者均看到該廣告。全屏廣告一般報價很高。

(二) 固定文字鏈廣告

文字鏈廣告是以一排文字作為一個廣告，點擊進入相應的廣告頁面，主要的投放文件格式為純文字廣告形式。根據欄目熱門程度不同，價格也不同。

固定文字鏈廣告優點為對用戶閱讀網站造成影響較小，能達到軟性宣傳目的；缺點為很難對用戶造成強烈的直觀吸引力。

廣告樣式示例見圖 5-6。

圖 5-6

（三）富媒體廣告

富媒體（Rich Media）廣告是指能實現 2D、3D 動畫和 Video、Audio 等具有豐富視覺效果和交互功能效果的網絡廣告形式，可分為非視頻類廣告與視頻類廣告。

1. 主要特徵

（1）適用於容量大於 100K 的網絡廣告；

（2）多媒體運用，表現力豐富；

（3）獨特的智能後臺下載技術，最大限度地減少對用戶瀏覽網頁的影響；

（4）互動性強；

（5）可以自定義地追蹤用戶行為，易於統計；

（6）更多增值功能有效結合，滿足不同廣告需求。

2. 優缺點分析

優點：廣告表現形式新穎、獨特，有較強的視覺衝擊力；

缺點：廣告文件較大，且伴有聲音，容易被屏蔽；對帶寬要求較高。

3. 主要形式

（1）浮動標示/流媒體廣告。

當用戶打開網頁時，流媒體廣告以不規則動畫形式突然出現在網頁上，動態的形式很容易吸引人們的注意，並且可以融入與用戶的互動，更好地表現廣告內容。動畫播放完畢後將自動消失，並變成小圖標回到網頁的左側、右側，小圖標隨著鼠標移動在屏幕左右側上下移動。

（2）擴展（回應）類廣告。

當用戶將鼠標滑過或點擊廣告時，擴展廣告即被觸發，廣告基於原廣告位進行擴展，不會離開原廣告位。當鼠標移開後，擴展部分自動消失。廣告帶有互動功能，更易引發用戶興趣。

（3）普通視窗。

普通視窗為播放器內嵌在新開窗口，並從屏幕下角浮出，有瀏覽器邊框。

（四）視頻廣告

視頻廣告指包括視頻分享、寬頻影視、P2P 流媒體等視頻網站發布的廣告。其形式主要有：

1. 視頻分享網站廣告與寬頻影視廣告

視頻分享在營運方式上以網站形式為主，在視頻長度上以短片片段居多，在視頻內容上以用戶自創製作為主。寬頻影視在營運方式上以網站形式為主，在視頻長度上長片、短片都有，在視頻內容上有影視劇、動漫和新聞資訊。

兩者的視頻廣告形式基本一致，僅僅網站營運的內容不同而已，其表現形式有以下幾種：

（1）視頻貼片廣告。

視頻貼片廣告是一種視頻區域內的廣告形式，與視頻內容是不同步的。在播放廣告時，視頻內容就要停下；在播放視頻內容時，廣告就不會出現。視頻貼片廣告一般

分為前、中、後三種貼片形式。前貼片是指在視頻內容播放前的緩衝時間內播放的廣告；中貼片是指在視頻內容播放過程中，在緩衝等待中播放的廣告；後貼片是指在視頻內容播放完畢後播放的廣告。中貼片如圖 5-7 所示。

圖 5-7

（2）視頻區外的圖文廣告。

視頻區外的圖文廣告是一種視頻區域外的廣告形式，與視頻內容不衝突。播放視頻內容時，廣告會在視頻周圍繼續展示，如圖 5-8 所示。

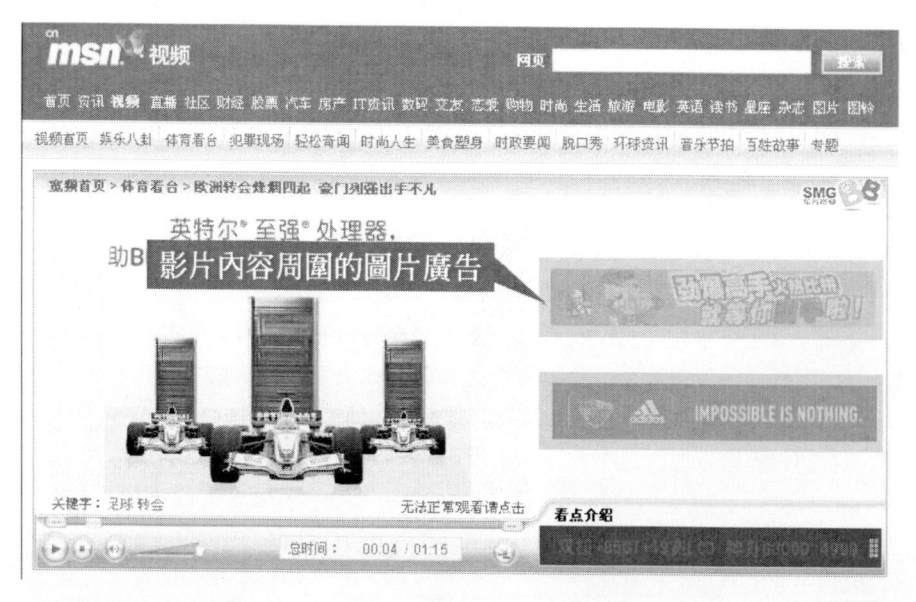

圖 5-8

（3）視頻植入式廣告。

視頻植入式廣告是一種視頻區域內的廣告形式，視頻內容本身既可能是個廣告，也可能是視頻內容中自然夾雜的廣告元素，見圖 5-9。

圖 5-9

（4）視頻浮層廣告。

視頻浮層廣告是一種視頻區域內的廣告形式，廣告與視頻內容可以同步進行，通過技術手段，在播放視頻內容的同時，加上一層視頻浮層，來同步播放廣告，見圖 5-10。

圖 5-10

2. P2P 流媒體廣告

P2P 流媒體廣告在營運方式上以軟件形式為主，在視頻長度上以完整長片居多，在視頻內容上以影視劇、體育、綜藝為主。其廣告形式如圖 5-11 所示。

圖 5-11

（五）搜索引擎廣告

搜索引擎廣告詳見第三章搜索引擎行銷實訓部分。

（六）聯盟廣告

聯盟廣告，通常指網絡廣告聯盟的廣告。1996 年亞馬遜通過這種新方式，為數以萬計的網站提供了額外的收入來源。而且這也成為中小網站主的主要生存方式。

1. 網絡廣告聯盟三個參與方

廣告主：按照網絡廣告的實際效果（如銷售額、引導數等）向網站主支付合理的廣告費用，以節約行銷開支、提高知名度、擴大企業產品的影響、提高行銷質量。

網站主：通過廣告聯盟平臺選擇合適的廣告主並通過播放廣告主廣告提高收益，同時節約大量的網絡廣告銷售費用，輕鬆地把網站訪問量變成收益。

廣告聯盟平臺：廣告聯盟平臺用自身形象和實力去拉廣告發布商（廣告主）在他們平臺上投放廣告，然後平臺通過自身宣傳和影響去拉來站長，註冊其會員，然後在會員站上投放廣告代碼。目前在中國信譽和實力比較好的廣告聯盟有：百度廣告聯盟、Google 廣告聯盟、阿里媽媽聯盟等。

2. 網絡廣告聯盟的分類

根據平臺性質，網絡廣告聯盟可分為以下三類：

（1）搜索競價聯盟。

搜索競價聯盟是指以搜索引擎應用為核心的廣告聯盟。聯盟的組織者為搜索引擎服務商，搜索聯盟是伴隨 Google、百度等搜索引擎網站的發展而成立的，主要以 CPC 方式支付給加盟網站一定比例的分成費用。這類聯盟往往是由搜索引擎公司發起成立的，例如 Google、百度、雅虎、搜狗等。

（2）電子商務網絡廣告聯盟。

電子商務網絡廣告聯盟是指以電子商務廣告主為主的廣告聯盟。聯盟的付費方式

以 CPS（按銷售額付費）為主，如易購網、唯一聯盟等。

（3）綜合網絡廣告聯盟。

綜合網絡廣告聯盟是指聚集中小站點資源，以綜合付費形式 CPM、CPC、CPA 為依託，以聯盟平臺為主的廣告聯盟，有自身的廣告主資源也兼營網絡廣告分銷業務，如阿里媽媽、智易行銷、億起發、黑馬幫、軟告網等。

（七）電子郵件廣告

電子郵件廣告目前主要有兩種：一種是企業群發的電子郵件廣告，廣告形式詳見電子郵件行銷項目；另一種是電子郵件頁面所帶的廣告，常見形式有圖形廣告、文字廣告等。

（八）其他媒體廣告

其他形式的網絡廣告主要指 IM（即時通信）廣告、游戲嵌入式廣告等。

1. IM（即時通信）廣告

IM 廣告即通過 IM 軟件的客戶端展現的廣告形式，如發布於在線交流工具 QQ、MSN 等上的網絡廣告等。其優點為廣告的播放不會影響使用進度，能覆蓋所有的軟件使用用戶；缺點為用戶除了要能聯上互聯網，還需要先下載該軟件的安裝程序並進行安裝後才能正常使用。

廣告樣式示例見圖 5-12。

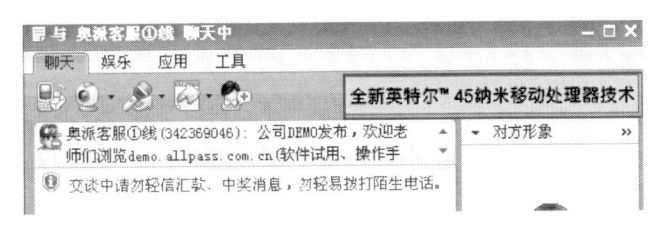

圖 5-12

2. 游戲嵌入式廣告

隨著網絡游戲的內容和形式的不斷變化，嵌入式廣告將電子游戲與廣告這兩個看似毫不相關的事物聯繫了起來。人們可以在一個接近真實世界的環境裡看到真實的產品和品牌，而且這也會極大地加深他們的印象。

廣告樣式示例見圖 5-13。

圖 5-13

通欄廣告、彈出窗口廣告、按鈕廣告、固定文字鏈廣告為目前網上最常見的廣告形式，在網絡廣告收入中所占的比重也較高，但富媒體廣告、視頻廣告、遊戲嵌入式廣告等新興廣告形式增長強勁，成為未來推動品牌廣告市場快速增長的新動力。

三、網絡廣告的投放媒體選擇

（一）如何選擇合適的網絡媒體

選擇合適的網絡媒體可以從以下七個方面考慮：

（1）目標受眾。網站用戶與廣告目標受眾的重合度及到達率，是選擇網站的重要指標。若運用新的用戶特徵可定向技術，更是提升了目標受眾到達的準確度，節約了推廣成本。

（2）內容配合。網絡媒體在整合行銷中的特色之一，便是與網站的內容合作。產品與頻道內容密切融合，可大大地提升網民對產品的認知，軟性推廣有效地避免了用戶對廣告的排斥。因此，網站內容可配合度，關係到內容合作的可操作性。

（3）創意表現。廣告主對創意好壞的評估，摻雜很多主觀因素，而用戶對創意的評價只是簡單到是否喜歡，因此在追求創意表現時，一定要考慮到用戶的良好體驗，避免用戶反感；如網站能顧及用戶體驗，提供巧妙的創意空間，反而能增加廣告點擊量。

（4）綠色環境。目前網絡廣告的環境仍有待完善，廣告主，尤其是品牌廣告主，希望在相關的廣告投放中，獲得更多乾淨、綠色的傳播環境。

（5）技術力量。服務器能否穩定，能否承受大瀏覽量，關係著廣告能否正常播放，廣告能否連結到企業網站。數據庫的數據處理功能等也由網站的技術背景決定。網絡廣告網站的新技術的研發力量，更決定了網絡廣告新形式的開發，以及新的行銷模式的發掘。

（6）行銷策劃服務。專業行銷策劃團隊的服務，能配合客戶的行銷目標，合理分配預算，深挖媒體資源，發揮線上線下的互動效應，有效降低推廣成本，為客戶帶來

更多附加價值。

（7）第三方的廣告監測系統。第三方（非網站自身研發）的廣告監測系統，能保證投放結果數據的公正性；而此系統的研發背景，也直接關係到數據的管理和精準度，以及系統穩定性。

（二）網絡廣告主要投放媒體

1. 綜合門戶網站

從整體來說，目前綜合門戶網站的網絡廣告收入仍占網絡廣告市場最大份額。國內四大綜合門戶網站為新浪、搜狐、網易、騰訊，其他綜合門戶網站有TOM、MSN中國門戶、雅虎中國門戶、中華網等。但與搜索引擎企業相比，傳統門戶網站的廣告收入比重在逐年降低，傳統門戶網站的廣告收入已經開始向垂直網站分流。

2. 垂直網站

垂直是指專注於某一領域（或地域）如IT、娛樂、體育，力求成為關心某一領域（或地域）內容的人上網的第一站。垂直網站的特色就是專一。他們並不追求大而全，他們只做自己熟悉的領域的事。他們是各自行業的權威、專家，他們吸引顧客的手段就是做得更專業、更權威、更精彩。由於專業細分化、市場定向精準，垂直網站的網絡廣告越來越受到廣告主的青睞。

典型的垂直網站媒體有IT網站、汽車網站、房產網站、財經網站等。

（1）IT網站。

IT行業廣告主對網絡廣告的認同度較高，廣告受眾也和IT產品的潛在用戶有很高的重合度，使得IT產品類廣告在網絡廣告的投放量很大。

其典型網站有太平洋電腦網、IT168、中關村在線、天極網、硅谷動力等。

（2）汽車網站。

由於汽車廣告受眾整體收入水準較高，汽車作為高端產品當然不能忽視網絡廣告媒體。

其典型網站有汽車之家、中國汽車網、太平洋汽車網等。

（3）房產網站。

隨著近年的房地產熱，房地產網絡廣告也隨之升溫。

其典型網站有搜房網、焦點房地產網、我愛我家、21世紀不動產等。

（4）財經網站。

隨著人們收入水準的提高，投資理財成為人們關注的一個熱點。

其典型網站有東方財富網、證券之星、中金在線、金融界、和訊財經等。

3. 搜索引擎網站

搜索引擎廣告按效果付費的概念被越來越多的中小企業廣告主所接受，中小企業的網絡行銷螞蟻雄兵式高速成長，極大地推動了付費搜索廣告市場的迅猛發展。包括百度、谷歌在內的搜索引擎行銷平臺，其廣告投放精準、投放費用相對低廉，以及廣告效果的評價較高，使其在性價比、效果評價等方面具有較強的競爭優勢，因此成為業內人士眼中最具廣告投放價值的網絡平臺。

4. 博客社區類網站

隨著 Web 2.0 技術的高速發展和社區應用的普及成熟，互聯網正逐步跨入社區時代。從論壇 BBS、校友錄、網絡社交等新舊社區應用，到社區搜索、社區聚合、社區廣告、社區創業、社區投資等社區經營話題，都是業界關注的熱點。

網絡社區被公認為中國未來網絡行銷價值潛力最大的市場，對企業來說有一定的口碑行銷價值，其廣告形式由大眾行銷轉向精確行銷，值得企業高度重視。

典型的網絡社區有：百度貼吧、天涯虛擬社區、貓撲大雜燴、西祠胡同、MySpace 交友社區等。

5. 客戶端軟件

客戶端軟件如 MSN、迅雷等使用用戶量非常大，據 CNNIC 的統計，幾乎每個網民都在使用客戶端軟件。龐大的用戶量蘊藏著巨大的商機，這也使得客戶端軟件的廣告價值深受企業看好。

6. 電子郵箱

龐大的電子郵箱用戶群所蘊藏的廣告價值當然也被廣大廣告主所認可。

四、網絡廣告的創意與製作

（一）網絡廣告創意的原則與方法

網絡廣告創意是廣告人員對確定的廣告主題進行的整體構思活動，為了讓網絡廣告達到最佳的宣傳效果，根據網絡媒體的特點，充分發揮想像力和創造力，提出有利於創造優秀甚至傑出廣告作品的構思。創意策略以研究產品概念、目標消費者、廣告信息和傳播媒介為前提，是廣告活動的靈魂，也是一則廣告是否成功的關鍵。

現在，網絡廣告的形式越來越豐富，如何在網絡廣告設計中保持獨特的創意的同時很好地達到廣告應有的效果是非常重要的。網絡廣告創意有一些方法，也要遵循一定的原則。

1. 網絡廣告的創意原則

（1）目標性原則。

目標性是網絡廣告創意的首要原則。網絡廣告必須與廣告目標和行銷目標相吻合，創意的最終目標是促進行銷目標的實現。任何廣告創意都必須考慮：廣告創意要達到什麼目的，起到什麼效果。

（2）關注性原則。

網絡廣告必須要能吸引消費者的注意力。美國廣告大師大衛·奧格威說：「要吸引消費者的注意力，同時讓他們來買你的產品，非要有很好的點子不可。除非你有很好的點子，不然它就像快被黑暗吞噬的船只。」

（3）簡潔性原則。

廣告創意必須簡單明了，切中主題，才能使人容易讀懂廣告創意所傳達的信息。

（4）互動性原則。

網絡廣告的創意必須關注目標對象是哪些人，以及他們的人文特徵和心理特徵是

什麼，從而運用網絡媒體互動性的優勢，設計能和受眾進行互動的廣告，以調動他們的興趣，使其主動參與到廣告活動中來。

（5）多樣性原則。

網絡廣告的多樣性是指網絡廣告表現形式多樣的創意。隨著 Web 2.0 網站的出現，廣告創意應該多樣化，這樣才能充分利用網絡的優勢來達到更好的廣告效果。

（6）精確性原則。

網絡廣告趨向於進行精準傳輸，也就是「把適合的信息傳達給適合的人」。目標受眾的精確定位是網絡廣告的創意原則之一，這是網絡廣告未來發展的趨勢之一。

2. 網絡廣告的創意方法

（1）提煉主題。

選擇一個有吸引力的網絡廣告創作的主題。如伊利優酸乳網絡廣告主題為「意想不到的水果味」，李寧翔宇跑鞋主題為「輕鬆上陣，誰說不能」。

（2）進行有針對性的訴求。

在賣點的設計上，應站在訪問者的角度，注意與廣告內容的相關性，從而提高廣告的點擊率。如本次廣告向消費者宣傳的是產品的質量，還是性能、價格因素等。

（3）品牌要有親和力。

廣告不僅是推銷產品，同時也是建立品牌形象的一種方式，利用樹立的企業品牌形象讓用戶對產品產生信心和認同。但要注意過分的品牌宣傳則會降低瀏覽者的好奇心，降低點擊率。因此，在廣告創意上要注重對品牌親和力的塑造。

（4）營造濃鬱的文化氛圍。

應用傳統文化進行網絡廣告的創意設計，既易於受眾接受，又能起到很好的效果。

（5）利益誘惑。

抓住消費者注重自身利益的心理特點，注重宣傳該網絡廣告活動給瀏覽者帶來的好處，吸引瀏覽者參與活動。

（6）其他方法。

其他方法還包括使用鮮明的色彩、使用動畫、經常更換圖片等等。

正確的廣告創意程序是從商品、市場、目標消費者入手，首先確定有沒有必要說，再確定對誰說，繼而確定說什麼，最後是怎麼說。廣告創意的核心在於提出理由，繼而講究說服，以促成行動。而這一理由應具有獨創性，是別人未曾使用過的。

3. 網絡廣告創意實例

（1）瑞星殺毒軟件網絡廣告（見圖 5-14）。

圖 5-14

廣告類型：通欄廣告

創意原則：互動性原則、簡潔性原則

創意方法：品牌親和力、利益誘惑、針對性訴求

分析：瑞星公司運用的中國心標志已經深入人心，吸引人們的眼球，打著送的旗號讓大量的有需求的用戶願意來體驗。半年後，那些體驗用戶也許因為半年時間習慣了瑞星這款殺毒軟件，今後很有可能會願意去付費使用瑞星的產品。

（2）王老吉飲料網絡廣告（見圖5-15）。

圖5-15

廣告類型：通欄廣告

創意原則：關注性原則

創意方法：品牌親和力

分析：王老吉公司應用祝福北京的方法塑品牌形象。

（3）聯想電腦網絡廣告（見圖5-16）。

圖5-16

廣告類型：通欄廣告

創意原則：精確性原則、目標性原則

創意方法：提煉主題、品牌親和力

分析：聯想電腦把新款電腦配置、外觀都直接展示出來，讓購買者直接瞭解到電腦配置的英特爾的芯片，這應該有毋庸置疑的信服力。

（4）數碼相機網絡廣告（見圖5-17）。

5日单反之王再次下调千元

圖 5-17

廣告類型：文字廣告
創意原則：關注性原則、簡潔性原則
創意方法：針對性訴求、利益誘惑
分析：點明消息發布時間，下調千元，對於渴望買某樣東西，但因之前明確知道價格的人，看到「下調千元」可能會好奇點擊查看內容。

（5）《天龍八部》網遊廣告（見圖 5-18）。

圖 5-18

廣告類型：Flash 廣告
創意原則：互動性原則、精確性原則
創意方法：利益誘惑
分析：《天龍八部》對廣大玩家，從打折到直接免費，正在玩《天龍八部》的玩家會非常樂意去點擊參與，對沒接觸過《天龍八部》這款游戲的玩家而言也是比較有吸引力的，通過點擊拿到免費的帳號等資料，進一步促進玩家對《天龍八部》的痴迷，甚至加入《天龍八部》這款游戲中去。

（6）伊利老年奶粉——「母親節的禮物」（見圖 5-19、圖 5-20 和圖 5-21）。

圖 5-19

廣告類型：MSN 動畫廣告

創意原則：互動性原則、簡潔性原則、精確性原則

創意方法：針對性訴求、品牌親和力、濃鬱的文化氛圍

分析：①沿用更易打動人心的溫情路線，溫馨提示忙於工作的人們該關心年邁的父母親了；②通過此次伊利「時時刻刻說出愛——我與爸媽的故事」博文大賽，將推出的在線訂購功能巧妙地展現出來。

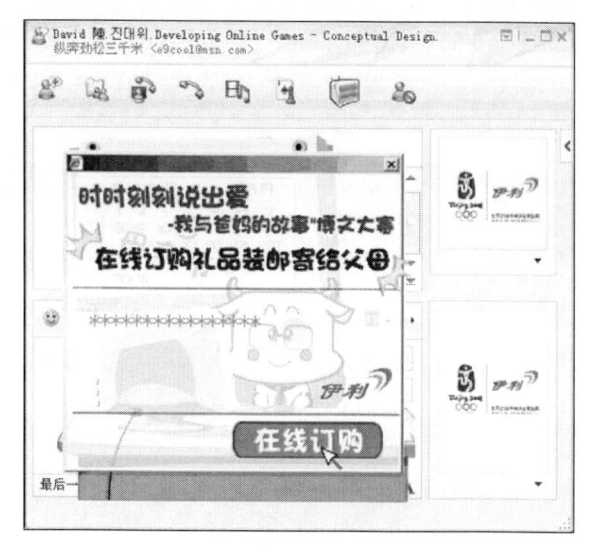

圖 5-20

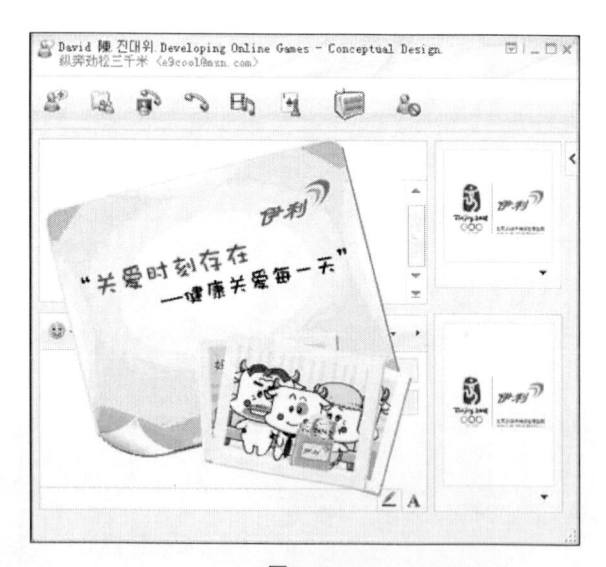

圖 5-21

（二）網絡廣告的製作要素與工具

1. 電腦圖像

GIF 和 JPG 文件是在網絡上運用較為廣泛的圖像格式，GIF 文件是 8 位 256 色，支持連續動畫格式。JPG 是一種壓縮圖像格式，壓縮比可任選。為提高圖像在網上的上傳和下載速度，在網頁中此類格式被廣泛採用。典型的圖像製作工具有 Photoshop 軟件與 Fireworks 軟件。

2. 電腦數字影（聲）像

隨著電腦多媒體技術的普及應用，在電腦設計中，特別是網絡廣告的設計中，將越來越多地用到電腦數字影（聲）像。目前由於網絡傳輸速率的限制，這類數字影（聲）像一般都需經過高倍壓縮。電腦數字影（聲）像通過 MPEG 格式，其文件大小可以壓縮數十倍；最新的 MP3（MP4）格式和 Real Player 的 RM 格式對影（聲）像的壓縮倍數更大，且還原效果還不錯。壓縮會使影（聲）像精度上有一定損失，但目前只能採取這種方法以提高網上傳輸速率。

3. 電腦動畫

電腦動畫是一種表現力極強的電腦設計手段。在形式上分二維、三維兩種。二維動畫就是類似於平面卡通的動畫，常用於網頁設計的二維動畫軟件有 GIF Animator。三維空間的圖形在網絡廣告設計當中恰當的應用能增加畫面的視覺效果和層次感，這時就需要用三維繪圖軟件製作一些立體形象，比如三維的標題字。針對網頁設計的動畫設計的軟件有 Cool 3D、Web 3D 等。

Flash 是一個專門的網頁動畫編輯軟件，通過 Flash 製作的動畫文件字節小，調用速度快且能實現連結功能。

4. 電腦文字和超文本

隨著電腦的普及，電腦文字的使用已成了「家常便飯」。在網絡廣告設計中，標題字和內文的設計、編排都要用到電腦文字。設計師需要不同的字體風格去傳播不同的形象，表達不同的視覺語義。網絡廣告設計的內文必須使用一般 Windows 系統自帶的字體格式。許多文字處理軟件都具有強大的編輯、編排和效果處理功能，且支持超文本格式的輸出，比如我們常用的 Microsoft Office Word 等。

網頁設計中還要用到超文本（HyperText）。在因特網上，超文本是用超連結的方法，將各種不同空間的文字信息組織在一起的網狀文本。其中的文字包括可選擇的加亮的詞條或短語（文本熱字），點擊這些詞條或短語將切換到超文本連結所指向的位置。超文本文字也可做成網頁表格形式，層層展開。專門的網頁製作軟件一般都直接生成 HTML 格式。

五、網站廣告聯盟

網站廣告聯盟就是通過網站平臺，將大量的商家聯合起來，實現資源共享、利益互通的一種行銷模式。一般找廣告聯盟的都是一些廣告主，他們需要推廣自己的產品，而自己做得又不是很專業。廣告聯盟收到廣告主的材料後，做成需要的廣告形式再投

放到相應的網站上，從中獲得部分的受益，以維持聯盟的正常運作。本例以當當網的網站聯盟為例。

（1）登錄 http://union.vancl.com/，註冊聯盟會員。

（2）登錄聯盟會員帳號（見圖 5-22）。

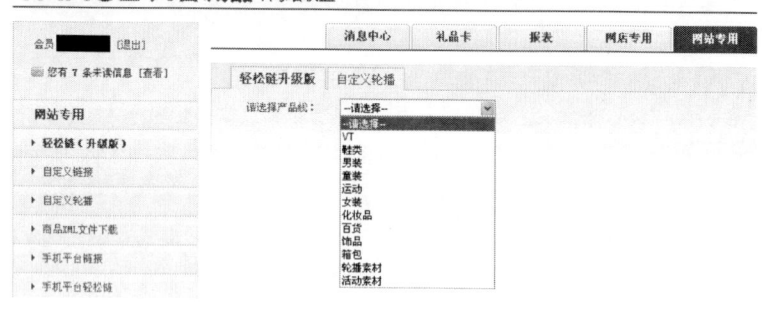

圖 5-22

（3）複製代碼（見圖 5-23）。

圖 5-23

（4）將相關圖片下面的代碼複製粘貼到自己的博客的代碼中（見圖 5-24）。

圖 5-24

(5) 以新浪博客為例，登錄新浪博客（http：//blog.sina.com.cn/）（見圖5-25）。

圖5-25

(6) 點擊頁面設置中的自定義組件（見圖5-26）。

圖5-26

(7) 添加文本組件（見圖5-27）。

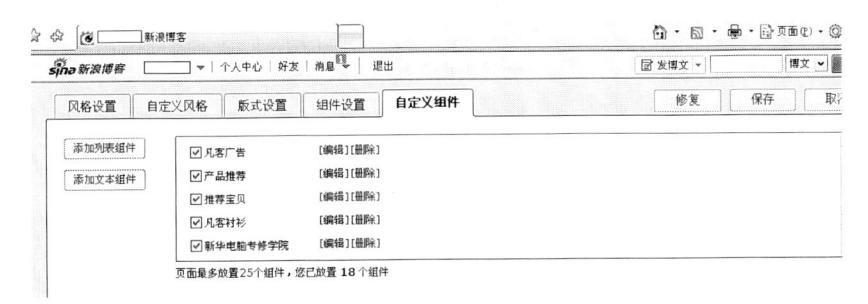

圖5-27

(8) 填寫標題（見圖5-28）。

圖5-28

(9) 點擊顯示源代碼，粘貼凡客廣告代碼，保存完成（見圖5-29）。

圖5-29

(10) 預覽效果（見圖 5-30）。

設置模塊 ＞ 管理自定义模块 ＞ 自定义文本模块

圖 5-30

(11) 待廣告圖片顯示在您的網站中，點擊所帶連結裡帶有您的聯盟帳號名稱，即代表廣告添加成功（見圖 5-31）。

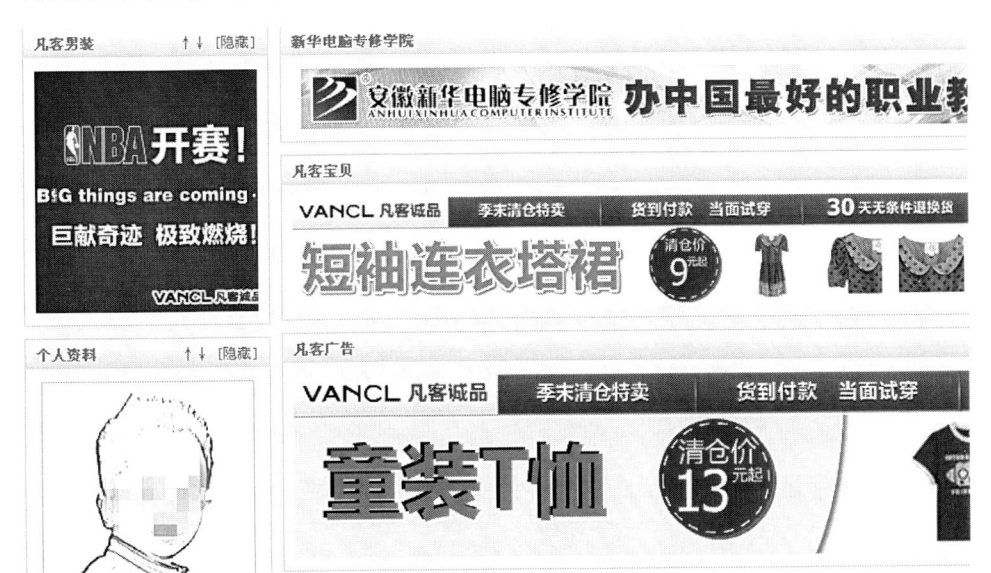

圖 5-31

討論思考

1. 簡述網絡廣告的發展現狀及趨勢。
2. 簡述網絡廣告策劃的一般流程。
3. 簡述網絡廣告創意的原則與方法。
4. 簡述網絡廣告的發布形式。
5. 常見網絡廣告投放媒體有哪些？該如何選擇合適的廣告投放媒體？
6. 用數碼相機或手機等拍攝日常生活中的一段視頻，在視頻網站（如我樂網）等發布，並嘗試進行廣告宣傳。
7. 網站廣告聯盟對網絡推廣有何價值？

第六章　基於 Web 2.0 的網絡行銷實訓

實訓目的和意義

Web 2.0 是相對於 Web 1.0 的新的時代，指的是一個利用 Web 的平臺，由用戶主導而生成的內容互聯網產品模式，為了區別傳統由網站雇員主導生成的內容而定義為第二代互聯網。Web 2.0 明顯區別與 Web 1.0 的特徵包括分享、貢獻、協同、參與等。這種理念已經改變了現在的互聯網，互聯網不再只是一個媒體，而是真正讓人參與進去的社區。

本次實訓的目的和意義：
（1）認識和瞭解 Web 2.0 的基本思想和理念。
（2）認識和瞭解病毒行銷。
（3）掌握利用病毒行銷進行商業信息傳遞的方法，理解其對提高產品關注度的作用。
（4）認識和瞭解網絡社區。
（5）掌握社區信息發布與互動的過程、社區管理的基本內容。
（6）認識和瞭解微信行銷。
（7）掌握微信公眾號註冊、設置、登錄流程及微信公眾號的後臺操作。

實訓內容

一、病毒行銷

（1）開心網的病毒行銷。
（2）Gmail 的病毒行銷。

二、網絡社區行銷

（1）動網論壇註冊、發帖。
（2）動網論壇欄目管理。
（3）動網論壇常規管理。
（4）動網論壇用戶管理。
（5）動網論壇數據、文件管理。

三、微信行銷

(1) 微信公眾號註冊、設置、登錄。
(2) 微信公眾平臺後臺操作。

實訓任務

一、病毒行銷

病毒行銷,是利用公眾的積極性和人際網絡,讓行銷信息像病毒一樣傳播和擴散,行銷信息被快速複製傳向數以萬計的觀眾,它能夠像病毒一樣深入人腦,快速複製,迅速傳播,將信息短時間內傳向更多的受眾。病毒行銷是一種常見的網絡行銷方法,常用於進行網站推廣、品牌推廣等。

1. 開心網的病毒行銷
(1) 登錄開心網,如圖 6-1。

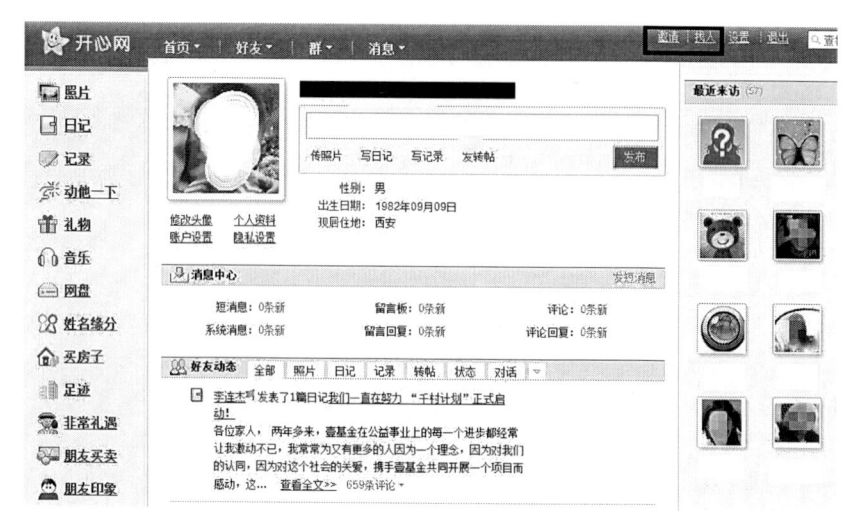

圖 6-1

（2）邀請朋友加入，如圖 6-2。

圖 6-2

提示：邀請朋友有四種方式，包括導入郵箱聯繫人、導入 MSN 的聯繫人、發送連結給朋友、通過 E-mail 邀請朋友。

（3）導入郵箱通信錄進行邀請，如圖 6-3、圖 6-4。

圖 6-3

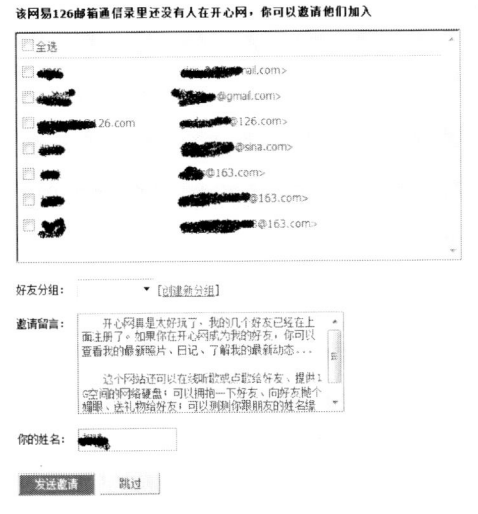

圖 6-4

網路行銷實訓

提示：不是所有的郵箱都能使用，只有網站能夠支持的 10 個郵箱可以使用。在你導入聯繫人列表以後，會列出沒有註冊開心網的用戶，你可以向他們發出邀請。

（4）通過發送連結進行邀請，如圖 6-5。

复制此邀请链接地址，用QQ、MSN等发送给你的朋友；对方加入后即自动加为你好友
建议：不同的好友圈子请选择对应的邀请链接，以便对方找到与你的共同好友

默認邀請鏈接：	http://www.kaixin001.com/reg/?uid=16202899&usercode=56834f9528
現在同事專用邀請：	http://www.kaixin001.com/reg/?uid=16202899&usercode=44abf867bc
以前同事專用邀請：	http://www.kaixin001.com/reg/?uid=16202899&usercode=64c80f84d3
大學同學專用邀請：	http://www.kaixin001.com/reg/?uid=16202899&usercode=8e35e0960
高中同學專用邀請：	http://www.kaixin001.com/reg/?uid=16202899&usercode=b31305cee
家人親戚專用邀請：	http://www.kaixin001.com/reg/?uid=16202899&usercode=d70bf1333c
至交好友專用邀請：	http://www.kaixin001.com/reg/?uid=16202899&usercode=bf530353aa
普通朋友專用邀請：	http://www.kaixin001.com/reg/?uid=16202899&usercode=6359fb8b8f
朋友的朋友專用邀請：	http://www.kaixin001.com/reg/?uid=16202899&usercode=3ba7fd9e49
其他專用邀請：	http://www.kaixin001.com/reg/?uid=16202899&usercode=1f5e3a3f48

圖 6-5

提示：這裡可以複製不同的連結發給特定的朋友。每個連結打開的內容是不一樣的。

2. Gmail 的病毒行銷

（1）登錄 Gmail 帳戶，向一個朋友發出註冊邀請，如圖 6-6。

圖 6-6

（2）登錄郵件接收邀請函，如圖 6-7。

圖 6-7

(3) 註冊 Gmail 帳戶，如圖 6-8。

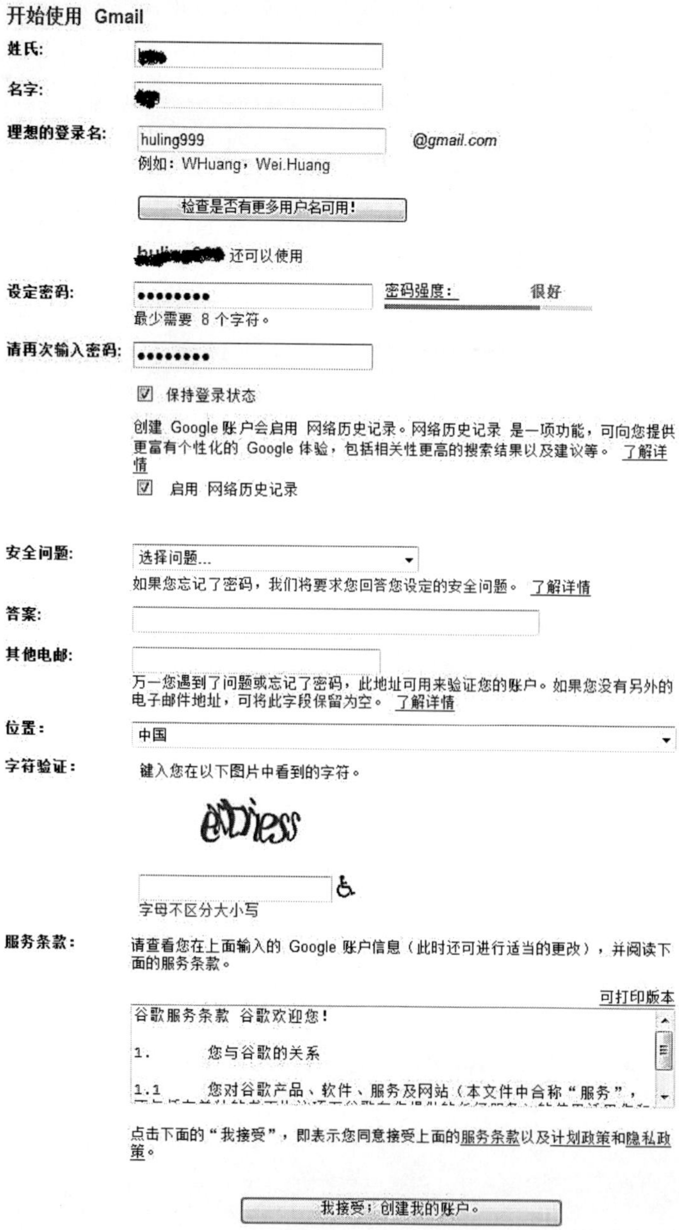

图 6-8

（4）Gmail 帳戶註冊成功，如圖 6-9。

圖 6-9

（5）登錄剛註冊的 Gmail 帳戶，如圖 6-10。

圖 6-10

提示：登錄以後，你也可以向你的朋友發出註冊 Gmail 的邀請。

（6）登錄發出邀請的郵箱，如圖6-11。

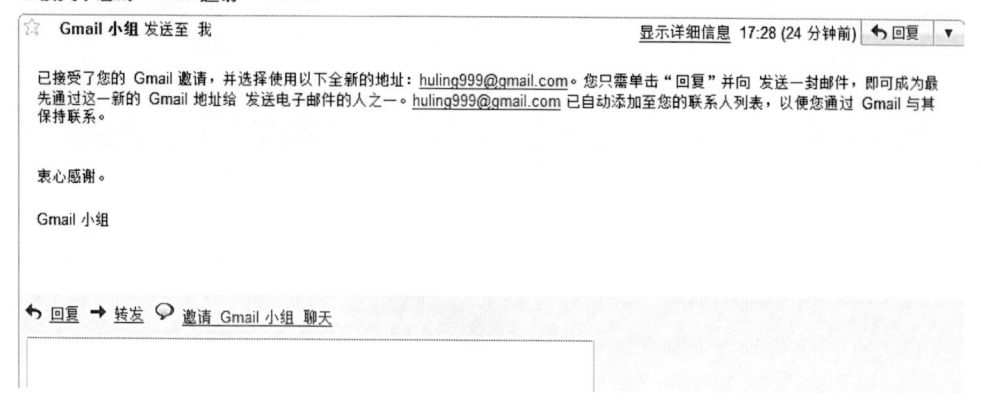

圖6-11

提示：Gmail 小組會提示你××用戶已接受了你的邀請，他在 Gmail 的郵件地址會自動添加到你的通信錄。

二、網絡社區行銷

網絡社區是網上特有的一種虛擬社會。社區主要通過把具有共同興趣的訪問者集中到一個虛擬空間，達到成員相互溝通的目的。網絡社區是用戶常用的服務之一，由於眾多用戶的參與，因此已不僅僅具備交流的功能，實際上成為一種網絡行銷場所。

1. 動網論壇註冊、發帖

（1）打開動網論壇（http：//bbs. dvbbs.net/）主頁，點擊註冊，如圖6-12。

圖6-12

（2）填寫註冊信息並提交，如圖 6-13。

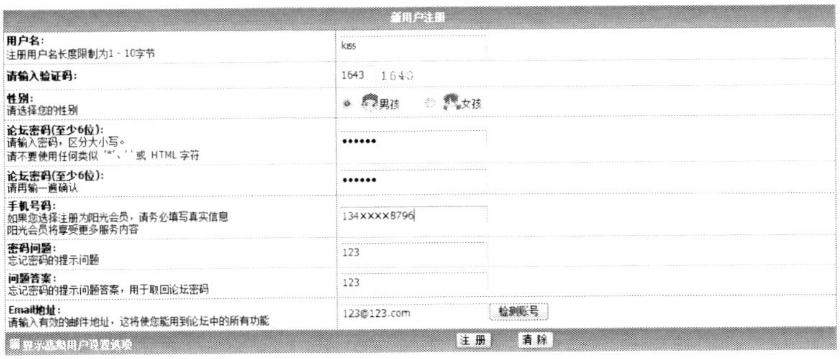

圖 6-13

（3）進入「經驗分享」版塊，如圖 6-14。

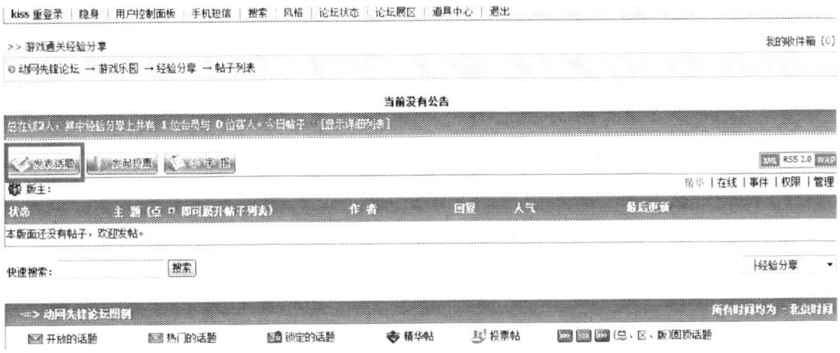

圖 6-14

（4）發表話題並提交，如圖 6-15。

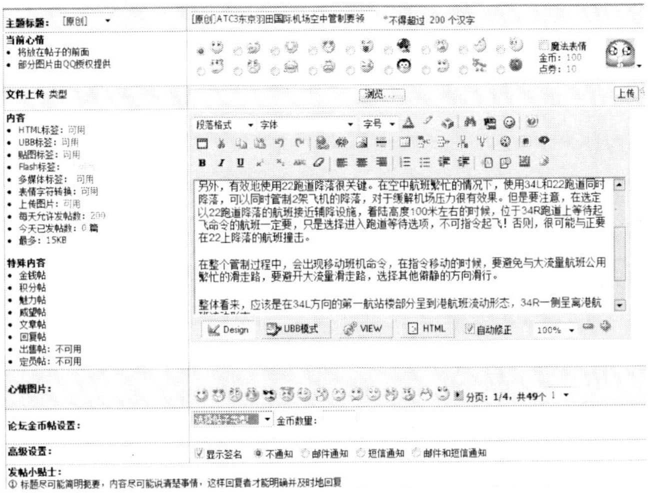

圖 6-15

提示：在註冊後 20 分鐘內不能發帖。

（5）查看剛才發布的內容，如圖 6-16。

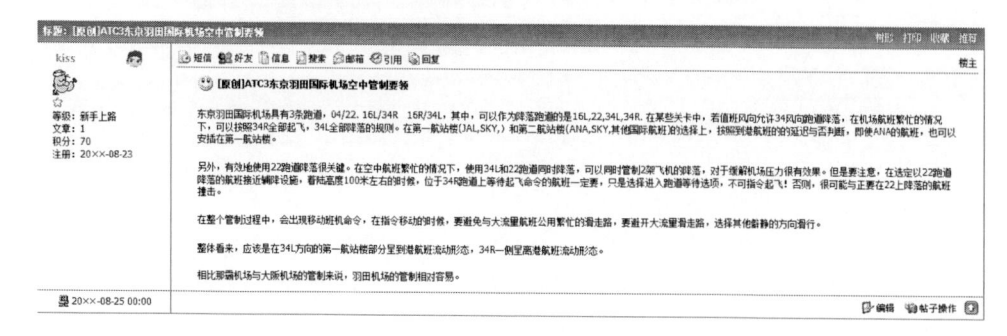

圖 6-16

2. 動網論壇欄目管理

（1）管理員登錄，如圖 6-17。

圖 6-17

（2）添加一個欄目設置，如圖 6-18。

圖 6-18

第六章　基於 Web 2.0 的網絡行銷實訓

（3）為剛才添加的欄目添加兩個子分類，如圖 6-19。

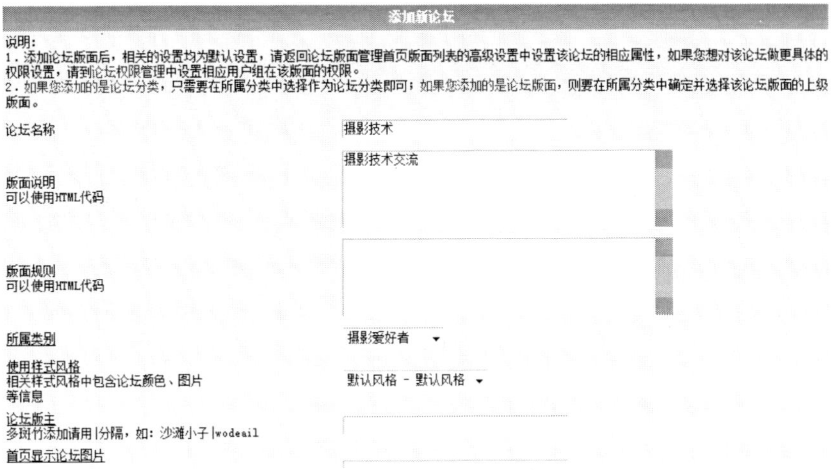

圖 6-19

（4）在攝影技術中發起一個話題，如圖 6-20。

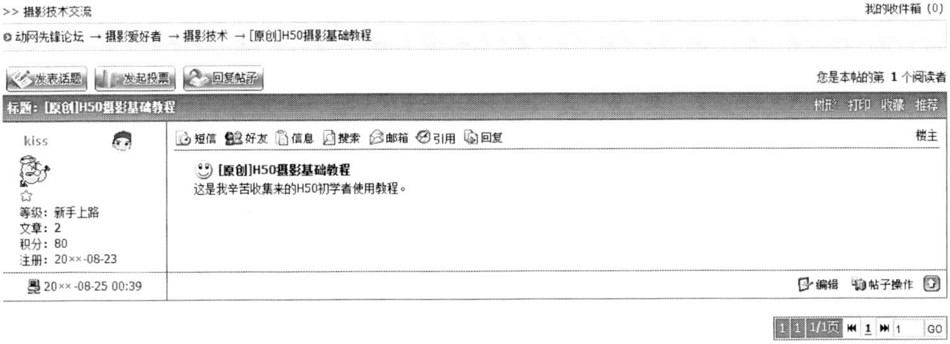

圖 6-20

（5）刪除剛才添加的欄目，如圖 6-21。

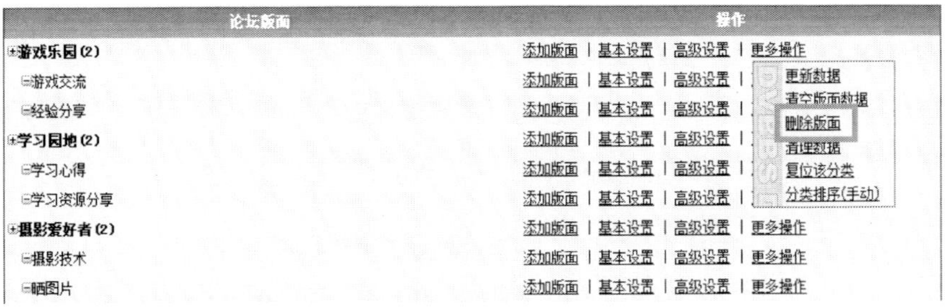

圖 6-21

提示：如果欄目下有二級分類，會提示先刪除二級分類再刪除欄目。

115

(6) 設定論壇權限，如圖6-22。

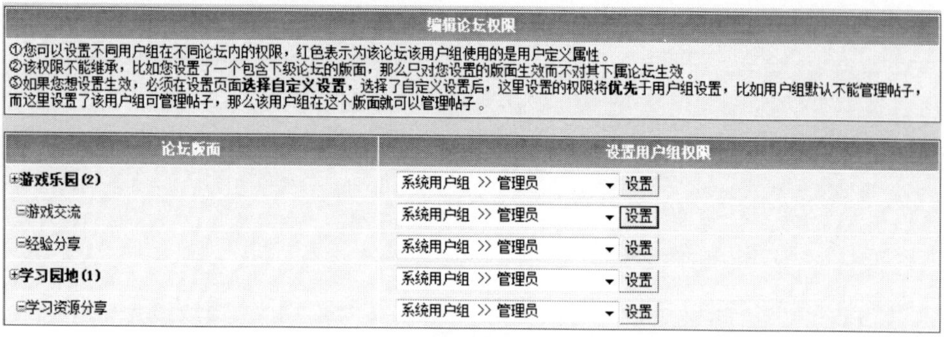

圖6-22

(7) 合併欄目管理，如圖6-23。

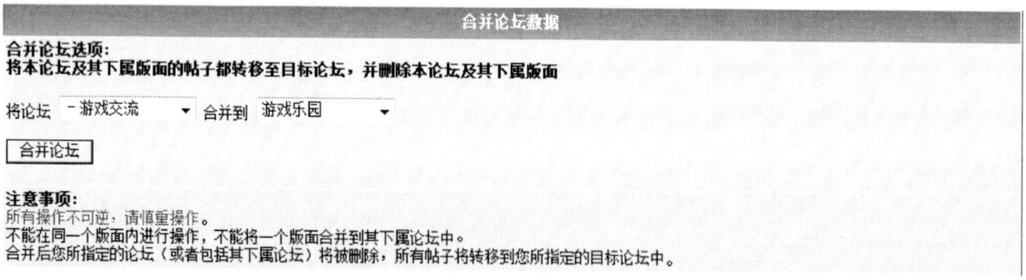

圖6-23

(8) 添加友情論壇，如圖6-24。

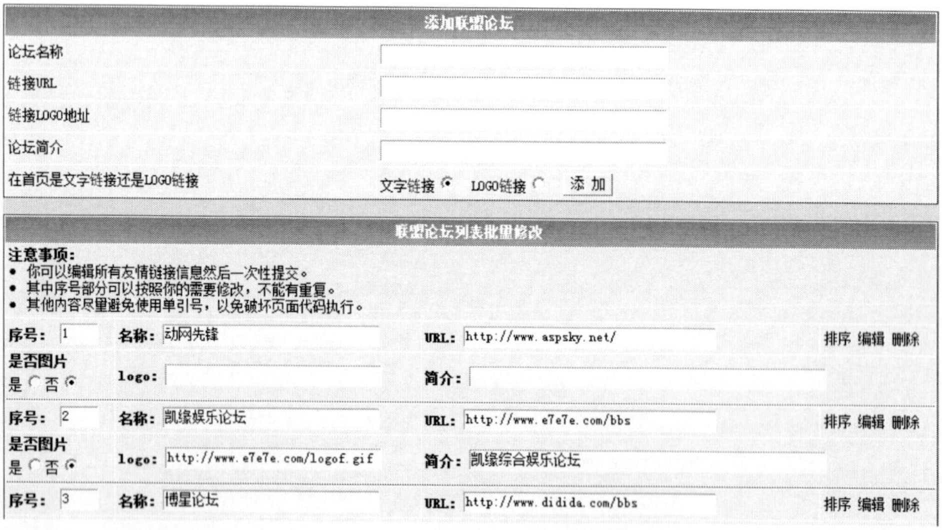

圖6-24

第六章　基於 Web 2.0 的網絡行銷實訓

（9）重新計算論壇數據和恢復數據，如圖 6-25。

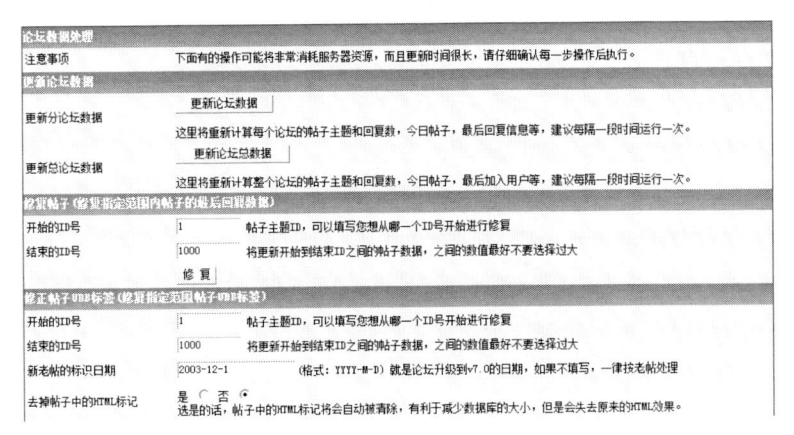

圖 6-25

3. 動網論壇常規管理

（1）登錄網站後臺管理系統，如圖 6-26。

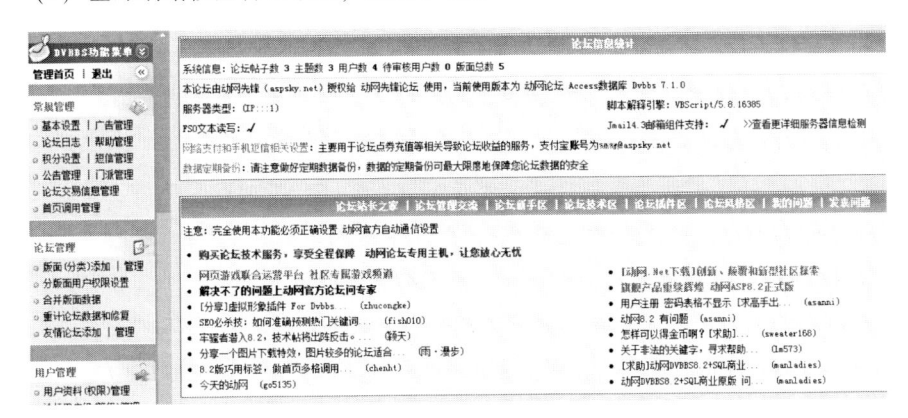

圖 6-26

（2）打開常規管理頁面，如圖 6-27。

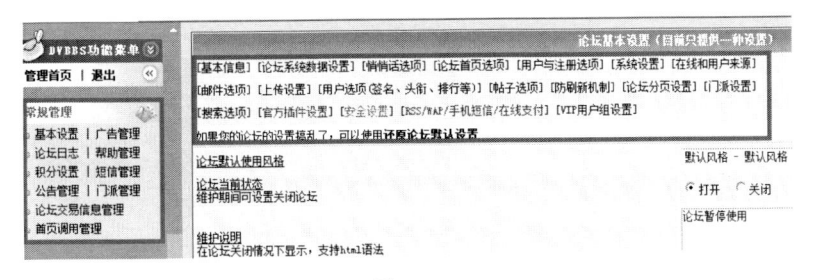

圖 6-27

提示：在常規設置中，包含了論壇的基本設置、廣告管理、論壇日志、幫助管理、積分設置、短信管理、公告管理、門派管理、交易信息管理、首頁調用管理等大項。

117

網路行銷實訓

其中基本設置又分為 19 個子項，近百條參數。

（3）打開論壇日誌管理，如圖 6-28。

圖 6-28

提示：在論壇日誌管理可以查看到上個實驗我們添加和刪除欄目的日誌、發布信息的日誌和後臺維護的日誌。

（4）打開積分設置管理，如圖 6-29。

圖 6-29

提示：

①復選框中選擇的為當前的使用設置模板，點擊可查看該模板設置，點擊別的模板直接查看該模板並修改設置。您可以將下面的設置保存在多個論壇版面中。

②您也可以將下面設定的信息保存並應用到具體的分論壇版面設置中，可多選。

③如果您想在一個版面引用別的版面的配置，只要點擊該版面名稱，保存的時候選擇要保存到的版面名稱即可。

④默認模板中的積分設置為論壇所有頁面（不包括具體的論壇版面）使用，如登錄和註冊的相關分值；具體的論壇版面可以有不同的積分設置，如發帖、刪帖等。當然您也可以根據上面的設定方法設定所有版面的積分設置都是一樣的。

（5）公告管理，如圖 6-30。

圖 6-30

（6）在首頁查看剛才發布的公告，如圖 6-31。

圖 6-31

(7) 刪除剛才發布的公告，如圖 6-32。

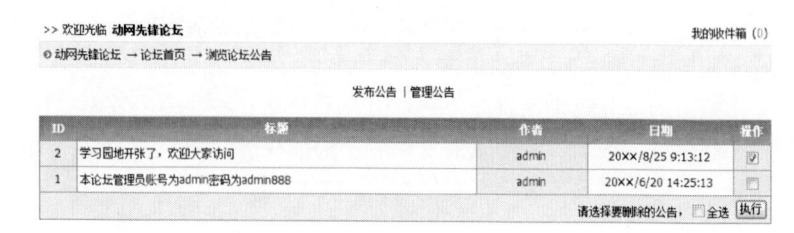

圖 6-32

提示：刪除公告是不可逆操作，請謹慎使用。

4. 動網論壇用戶管理

(1) 登錄論壇管理員系統—用戶管理，如圖 6-33。

圖 6-33

提示：

①點擊刪除按鈕將刪除所選定的用戶，此操作是不可逆的；

②您可以批量移動用戶到相應的組；

③點擊用戶名進行相應的資料操作；

④點擊用戶最後登錄 IP 可進行鎖定 IP 操作；

⑤點擊用戶 E-mail 將給該用戶發送 E-mail；

⑥點擊修復帖子將會修復該用戶所發的帖子數據並更新其文章數，用於誤刪 ID 用戶帖的修復。

（2）登錄用戶等級管理首頁，如圖6-34。

組ID	用戶組(等級)名稱	最少發貼	組(等級)圖片		用戶數	操作
9	新手上路	0	level0.gif	☆	3	編輯 | 列出用戶 | 刪除
10	論壇游民	100	level1.gif	☆	0	編輯 | 列出用戶 | 刪除
11	論壇游俠	200	level2.gif	☆	0	編輯 | 列出用戶 | 刪除
12	業余俠客	300	level3.gif	☆☆	0	編輯 | 列出用戶 | 刪除
13	職業俠客	400	level4.gif	☆☆	0	編輯 | 列出用戶 | 刪除
14	俠之大者	500	level5.gif	☆☆	0	編輯 | 列出用戶 | 刪除
15	黑俠	600	level6.gif	☆☆☆	0	編輯 | 列出用戶 | 刪除
16	蝙蝠俠	800	level7.gif	☆☆☆	0	編輯 | 列出用戶 | 刪除
17	蜘蛛俠	1000	level8.gif	☆☆☆	0	編輯 | 列出用戶 | 刪除
18	青蜂俠	1200	level9.gif	☆☆☆	0	編輯 | 列出用戶 | 刪除
19	小飛俠	1500	level10.gif	☆☆☆	0	編輯 | 列出用戶 | 刪除
20	火箭俠	1800	level11.gif	☆☆☆☆	0	編輯 | 列出用戶 | 刪除
21	蒙面俠	2100	level12.gif	☆☆☆☆	0	編輯 | 列出用戶 | 刪除
22	城市獵人	2500	level13.gif	☆☆☆☆	0	編輯 | 列出用戶 | 刪除
23	羅賓漢	3000	level14.gif	☆☆☆☆	0	編輯 | 列出用戶 | 刪除
24	阿諾	3500	level15.gif	☆☆☆☆☆	0	編輯 | 列出用戶 | 刪除
25	俠聖	4000	level16.gif	☆☆☆☆☆	0	編輯 | 列出用戶 | 刪除
新		0	level0.gif		0	

圖6-34

提示：

①動網論壇用戶組分為系統用戶組、特殊用戶組、註冊用戶組、多屬性用戶組四種類型；

②系統用戶組為內置固定用戶組，不能添加，供論壇管理之用，不能隨意更改，如刪除則會引起論壇運行異常；

③特殊用戶組不隨用戶等級升降而變更，通常建立來分配給一些對論壇有特殊貢獻或操作的人員；

④多屬性用戶組不隨用戶等級升降而變更，該組用戶可設置享有多個不同用戶組的權限，通常建立來分配給一些對論壇有特殊貢獻或操作的人員；

⑤註冊用戶組為傳統的用戶等級，每個組（等級）可設定不同的權限；

⑥默認權限為添加新的用戶組時使用其中一些定義好的權限設置，通常新添加用戶組後都要再次定義其權限。

（3）添加管理員，如圖6-35。

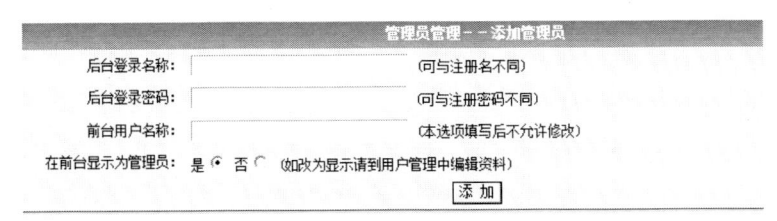

圖6-35

（4）重新計算用戶各項數據，如圖6-36。

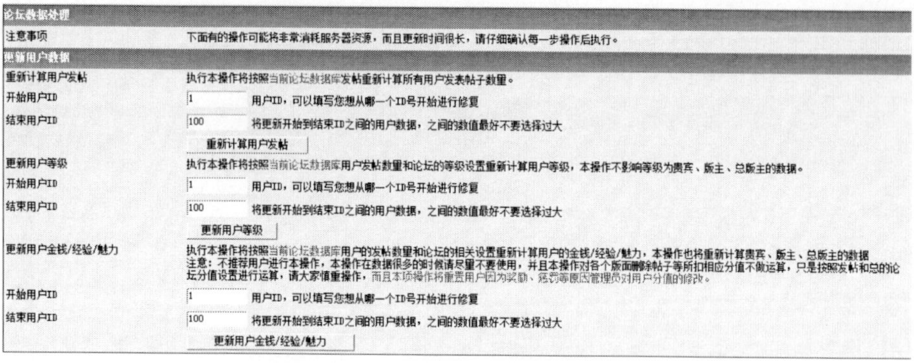

圖6-36

提示：操作可能將非常消耗服務器資源，而且更新時間很長，請仔細確認操作後執行。

（5）用戶郵件群發管理，如圖6-37。

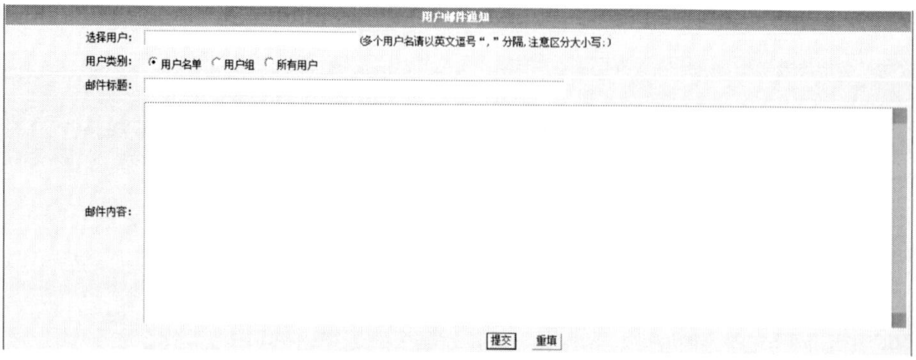

圖6-37

提示：
①發送郵件列表只會保留最新十條記錄；
②每次發送郵件不要設置過多，要根據服務器的情況而定；
③郵件列表將保留發送的記錄，還未發送完的可以在下一次執行發送；
④批量發送郵件，將會占用服務器資源，請盡量在訪問量少的時間進行批量操作。

5. 動網論壇數據、文件管理

（1）登錄後臺管理系統—論壇帖子管理，如圖6-38。

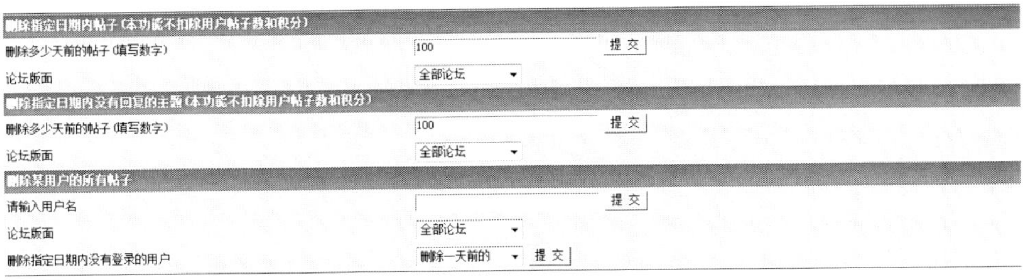

圖6-38

提示：操作將大批量刪除論壇帖子，並且所有操作不可恢復！如果您確定這樣做，請仔細檢查您輸入的信息。

（2）批量移動帖子，如圖6-39。

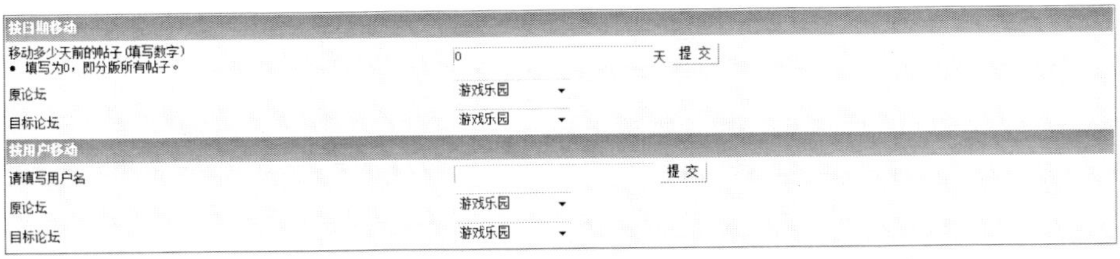

圖6-39

提示：這裡只是移動帖子，而不是拷貝或者刪除！您可以將一個論壇下屬論壇的帖子移動到上級論壇，也可以將上級論壇的帖子移動到下級論壇，但作為分類的論壇由於論壇設置很可能不能發布帖子（只能瀏覽）。

（3）數據表之間帖子轉換，如圖6-40。

圖6-40

提示：最前N條記錄指數據庫中最早發表的帖子（如果平均每個帖子有5個回覆，那麼100個主題在這裡的更新量將是500條記錄），這通常要花很長的時間，更新的速度取決於您的服務器性能以及更新數據的多少。執行本步驟將消耗大量的服務器資源，建議您在訪問人數較少的時候或者本地進行更新操作。

（4）髒話過濾限制，如圖 6-41。

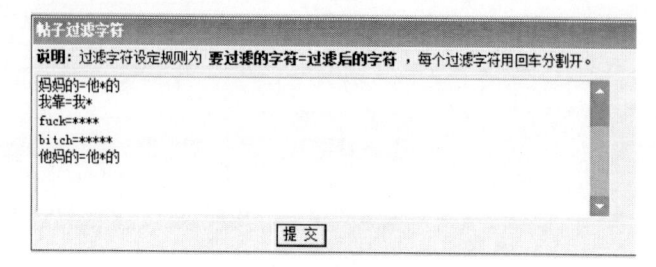

圖 6-41

（5）註冊過濾字符，如圖 6-42。

圖 6-42

（6）IP 限制管理，如圖 6-43。

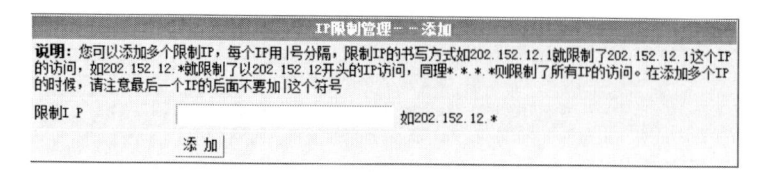

圖 6-43

（7）壓縮數據庫，如圖 6-44。

圖 6-44

（8）備份數據庫，如圖 6-45。

圖 6-45

（9）恢復數據庫，如圖6-46。

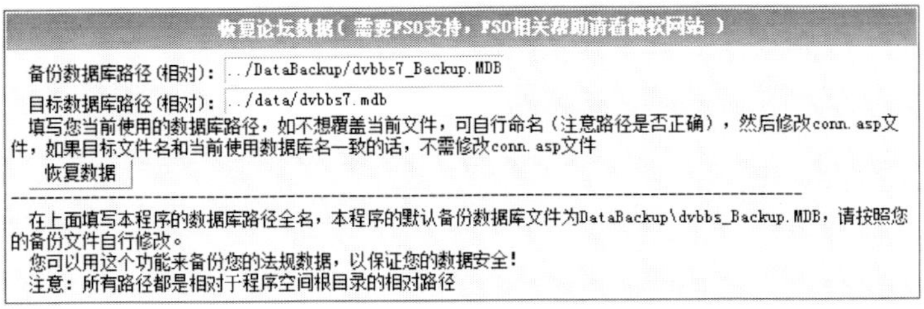

圖6-46

（10）系統信息檢測，如圖6-47。

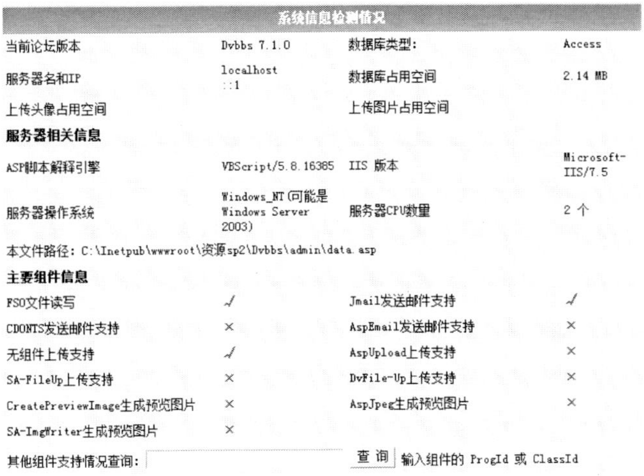

圖6-47

（11）上傳文件管理，如圖6-48。

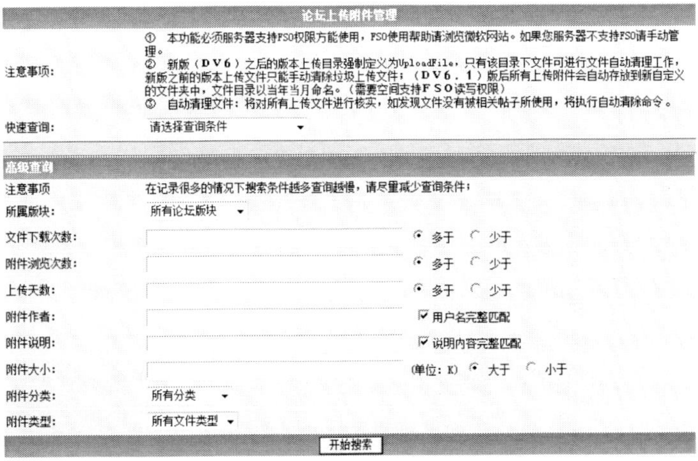

圖6-48

提示：

①本功能必須服務器支持 FSO（文件系統對象）權限方能使用，FSO 使用幫助請瀏覽微軟網站。如果您的服務器不支持 FSO，請手動管理。

②上傳目錄強制定義為 UploadFile，只有在該目錄下文件可進行文件自動清理工作，新版之前的版本上傳文件只能手動清除垃圾上傳文件；(DV6.1)版後所有上傳附件會自動存放到新自定義的文件夾中，文件目錄以當年當月命名。（需要空間支持 FSO 讀寫權限）

③自動清理文件：將對所有上傳文件進行核實，如發現文件沒有被相關帖子所使用，將執行自動清除命令。

三、微信行銷

微信行銷是網絡經濟時代企業或個人行銷模式的一種，是伴隨著微信的火熱而興起的一種網絡行銷方式。微信行銷主要體現在以安卓系統、蘋果系統的手機或者平板電腦中的移動客戶端進行的區域定位行銷，商家通過微信公眾平臺，結合轉介率微信會員系統展示商家微官網、微會員、微推送、微支付、微活動，已經形成了一種主流的線上線下微信互動行銷方式。

（一）微信公眾帳號註冊、設置、登錄

1. 準備工作

（1）一個沒有註冊過公眾帳號的郵箱，如果是 QQ 郵箱那麼對應的 QQ 號也要沒有註冊過公眾帳號。

（2）身分證掃描件，每個身分證可以註冊 5 個公眾帳號。

（3）手機，用來接受註冊驗證碼。

（4）想好公眾帳號名稱。

2. 註冊微信公眾帳號

（1）在瀏覽器地址欄輸入 http://mp.weixin.qq.com，進入微信公眾平臺，如圖 6-49。

圖 6-49

（2）點擊註冊按鈕後進入註冊界面，如圖6-50。

圖 6-50

（3）點擊「激活郵箱」後，系統會發送一封郵件到你填寫的註冊郵箱，如圖6-51。

圖 6-51

(4) 回到註冊頁面填寫郵箱驗證碼，點擊「註冊」。

(5) 選擇帳號類型，點擊「選擇並繼續」。營運者主體為個人只可創建訂閱公眾號，如圖 6-52。

圖 6-52

(6) 根據要求填寫用戶登記信息。

(7) 設置微信帳號名稱，如圖 6-53。

圖 6-53

3. 公眾帳號登錄

（1）公眾帳號登錄還是從 http：//mp.weixin.qq.com 進入，點擊右上角的登錄後彈出窗口，如圖 6-54。

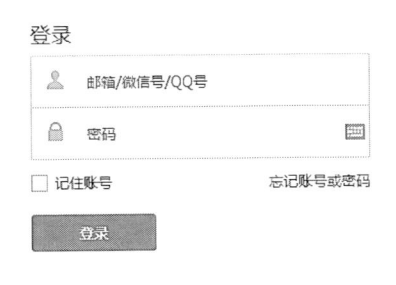

圖 6-54

（2）進入微信公眾平臺後臺首頁，如圖 6-55。

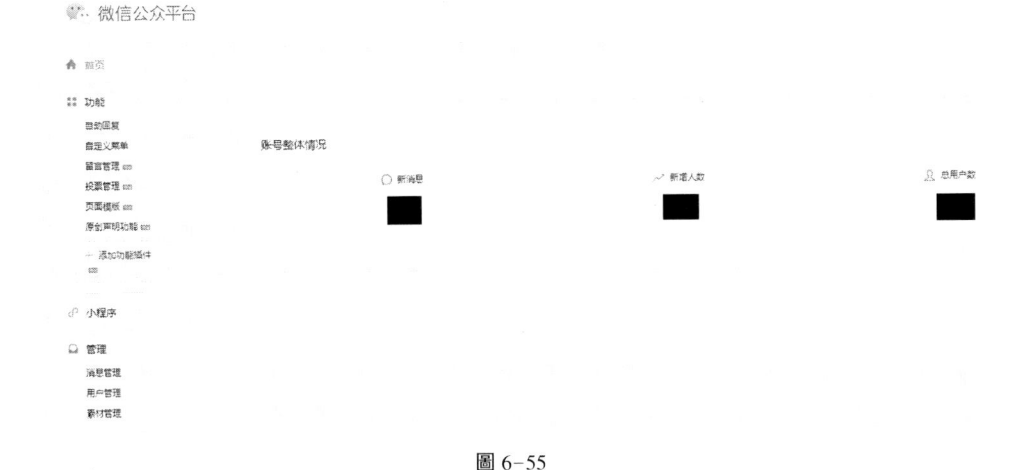

圖 6-55

（二）微信公眾平臺後臺操作

登錄公眾平臺後首先進入的就是歡迎頁，這裡提供公眾帳號的一些營運數據。

1. 微信公眾平臺消息管理頁面

點擊公眾平臺後臺導航的「消息管理」，或者在歡迎頁裡點擊「新消息」就可以進入消息管理頁面。該頁面用於展現用戶通過手機向公眾平臺發送的消息，如圖 6-56。

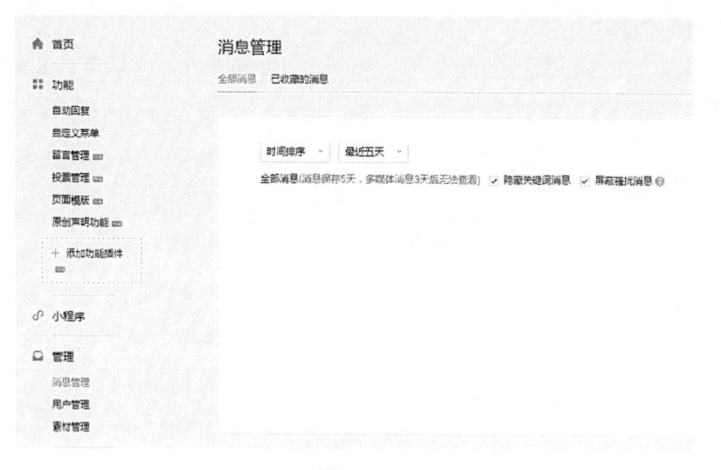

圖 6-56

提示：「全部消息」指的是用戶發送給公眾平臺的消息數據，消息保存 5 天；今天、昨天、前天分別對應不同日期的用戶當天消息。

2. 微信公眾平臺用戶管理頁面

點擊公眾平臺後臺導航的「用戶管理」，或者在歡迎頁裡點擊新增人數下的數字進入用戶管理頁面，該頁面用於對關注了該公眾帳號用戶的管理，如圖 6-57。

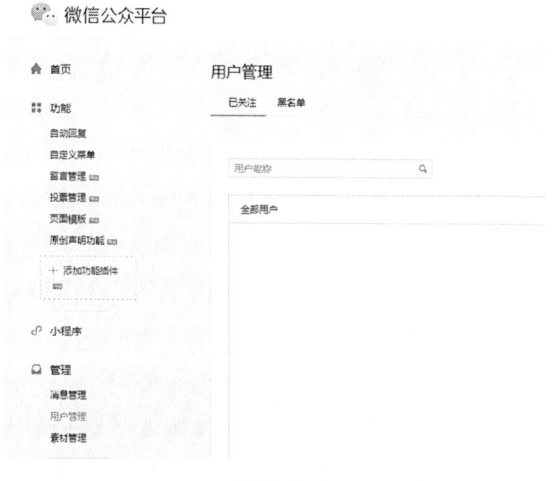

圖 6-57

3. 微信公眾平臺素材管理

點擊公眾平臺後臺導航的「素材管理」進入素材管理頁面。這個頁面主要是用來管理公眾平臺的圖文消息、圖片、語音、視頻的，如圖 6-58。

圖 6-58

4. 微信公眾平臺群發消息

點擊公眾平臺後臺導航的「新建群發」進入群發消息頁面。群發信息可以按對象和地區進行操作。多媒體發布的信息可以發圖文消息、文字、圖片、語音、視頻（訂閱號一天只能群發一條消息），如圖 6-59。

圖 6-59

討論思考

1. 開心網的朋友添加方式有什麼獨特之處？當你給郵箱的朋友發了消息以後，多長時間能夠回到你的郵箱？能不能回到你的郵箱？為什麼？
2. Gmail 郵箱為什麼採用邀請的方式進行註冊？
3. 為什麼在論壇註冊成功後通常需要等待一段時間（動網論壇需要 20 分鐘）才能發表話題？有何好處？
4. 論壇欄目設置有何技巧？
5. 帖子的批量刪除和轉移有何意義？
6. 臟話過濾除了漢字還有什麼內容？
7. 博客、微博和微信有何區別？

第七章　第三方電子商務平臺應用

實訓目的和意義

第三方電子商務平臺，也可以稱為第三方電子商務企業，泛指獨立於產品或服務的提供者和需求者，通過網絡服務平臺，按照特定的交易與服務規範，為買賣雙方提供服務，服務內容可以包括但不限於供求信息發布與搜索、交易的確立、支付、物流。

本次實訓的目的和意義：
（1）認知常見的第三方 B2B 電子商務平臺。
（2）瞭解阿里巴巴 B2B 電子商務平臺的應用優勢。
（3）能夠應用阿里巴巴 B2B 電子商務平臺的基本功能。
（4）認知常見的第三方 B2C、C2C 電子商務平臺。
（5）瞭解淘寶電子商務平臺的應用優勢。
（6）能夠在淘寶平臺上開設店鋪並使用其基本功能。

實訓內容

一、阿里巴巴電子商務平臺的應用流程

（1）阿里巴巴平臺的會員註冊。
（2）開通阿里巴巴旺鋪。
（3）在阿里巴巴平臺上發布產品信息。
（4）在阿里巴巴平臺上發布求購信息。
（5）阿里巴巴平臺的其他功能的使用。

二、淘寶電子商務平臺的應用流程

（1）開店前註冊及準備工作。
（2）買賣雙方註冊流程。
（3）賣家開店前準備工作。
（4）賣家產品發布及建店、店鋪裝修。
（5）交易流程及購物流程中的細節問題。

實訓任務

一、阿里巴巴電子商務平臺的應用流程

B2B 電子商務平臺是為企業間商務活動服務的，目前國內 B2B 平臺主要有阿里巴巴、慧聰網、環球資源網、敦煌網等，有行業的、綜合的，有內貿的、外貿的。功能主要包括：發布供求信息、尋找商業機會、貿易磋商、達成交易等。國內 B2B 電子商務平臺阿里巴巴市場佔有率最高，且得到了廣大客戶的認可，因此在這裡主要以阿里巴巴中文站為例，介紹 B2B 電子商務平臺的應用。

（一）會員註冊

在現在各種形式的網絡平臺中，要享受平臺所提供的服務，就必須成為該平臺的會員，就好比線下的各種貿易市場和展覽會，交易雙方如果想參加就要經過主辦方的批准和認可，比如買攤位、買門票等等，且根據享受服務的不同分為不同等級的會員，因此在 B2B 電子商務平臺中也是如此，要註冊會員，會員等級不同待遇也不相同。

1. 會員的註冊流程

（1）在地址欄輸入 www.alibaba.com.cn（china.alibaba.com、www.1688.com），打開阿里巴巴中文站，點擊上方「免費註冊」，如圖 7-1。

圖 7-1

（2）填寫註冊資料，點擊「同意並註冊」，如圖 7-2。

圖 7-2

揭示：阿里巴巴帳號註冊分為企業帳號和個人帳號，本例註冊帳號為個人帳號，故點擊「個人帳戶註冊」。

（3）使用手機短信驗證身分。輸入 6 位數字驗證碼，點擊「提交」，如圖 7-3。

圖 7-3

（4）註冊成功，阿里巴巴要求補充聯繫信息，可以根據需要進行補充，如圖 7-4。

圖 7-4

(二) 開通旺鋪

要在阿里巴巴上發布產品信息首先要開通旺鋪。開通旺鋪流程如下：

(1) 登錄阿里巴巴（http：//www.1688.com），點擊「我的阿里」，如圖 7-5。

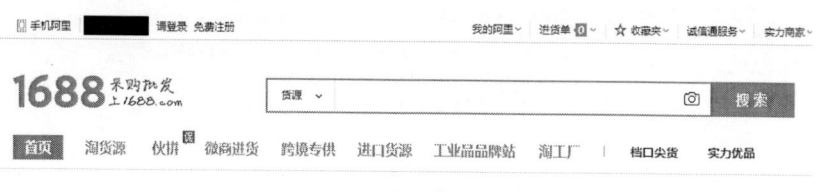

圖 7-5

(2) 進入「我的阿里」，在導航條中點擊「旺鋪」，如圖 7-6。

圖 7-6

(3) 開通旺鋪入門版共有三個步驟：身分認證、完善旺鋪信息和免費開通旺鋪入門版，如圖 7-7。

圖 7-7

(4) 身分認證可以有兩種方式：登錄支付寶快速認證與銀行帳戶和身分認證。按照阿里巴巴認證規則完成認證，如圖 7-8。

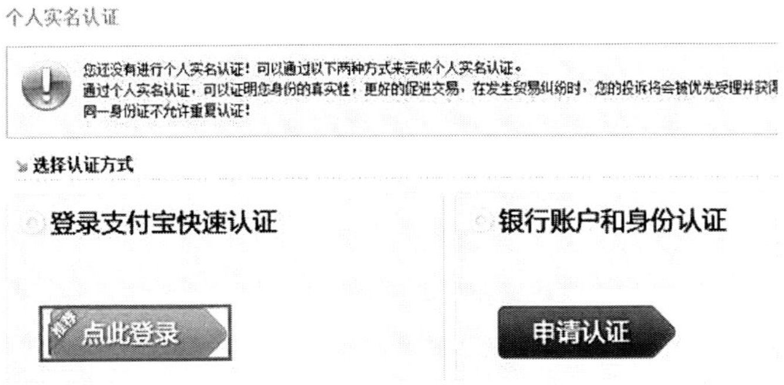

圖 7-8

（5）完善旺鋪信息，包括發布旺鋪介紹和發布公司介紹。

①發布旺鋪介紹，在「我的阿里」中找到並進入「旺鋪」應用，點擊「旺鋪介紹」，按照頁面提示填寫相關內容。

②發布公司介紹，在「我的阿里」中找到並進入「旺鋪」應用，點擊「公司介紹」，在右側頁面中按照要求填寫「基本信息」（如圖 7-9）和「詳細信息」（如圖 7-10），點擊「保存並發布」。內容會經過編輯審核，工作時間 2 小時後可以上網。(週末及法定節假日順延)

圖 7-9

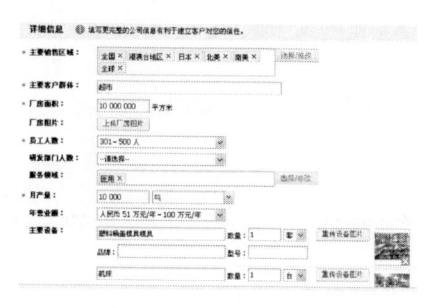

圖 7-10

（6）完成身分認證和完善旺鋪信息後就可以免費開通旺鋪入門版。

(三) 發布產品信息

（1）在阿里平臺裡面要進行信息發布操作，首先要登錄帳戶即登錄進入「我的阿里」。在基礎應用中選擇「供應產品」—「發布供應信息」，如圖 7-11。

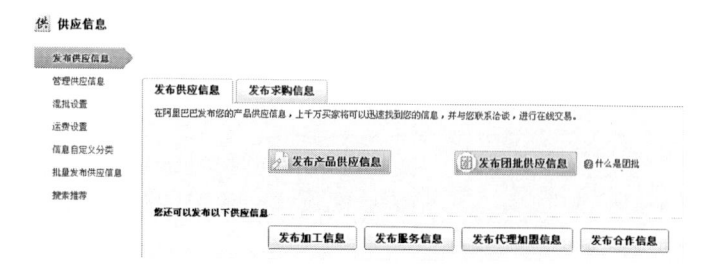

圖 7-11

（2）選擇類目。類目選擇的對錯可能影響到客戶能否從前臺的產品分類中找到你的信息，因此類目選擇一定要結合實際情況，如圖 7-12。

圖 7-12

（3）填寫詳細信息，包括產品屬性、信息標題、產品圖片、詳細說明等基本信息、交易信息及其他信息。在填寫這部分信息的時候盡量根據客戶需求填寫，重點突出，如圖 7-13。

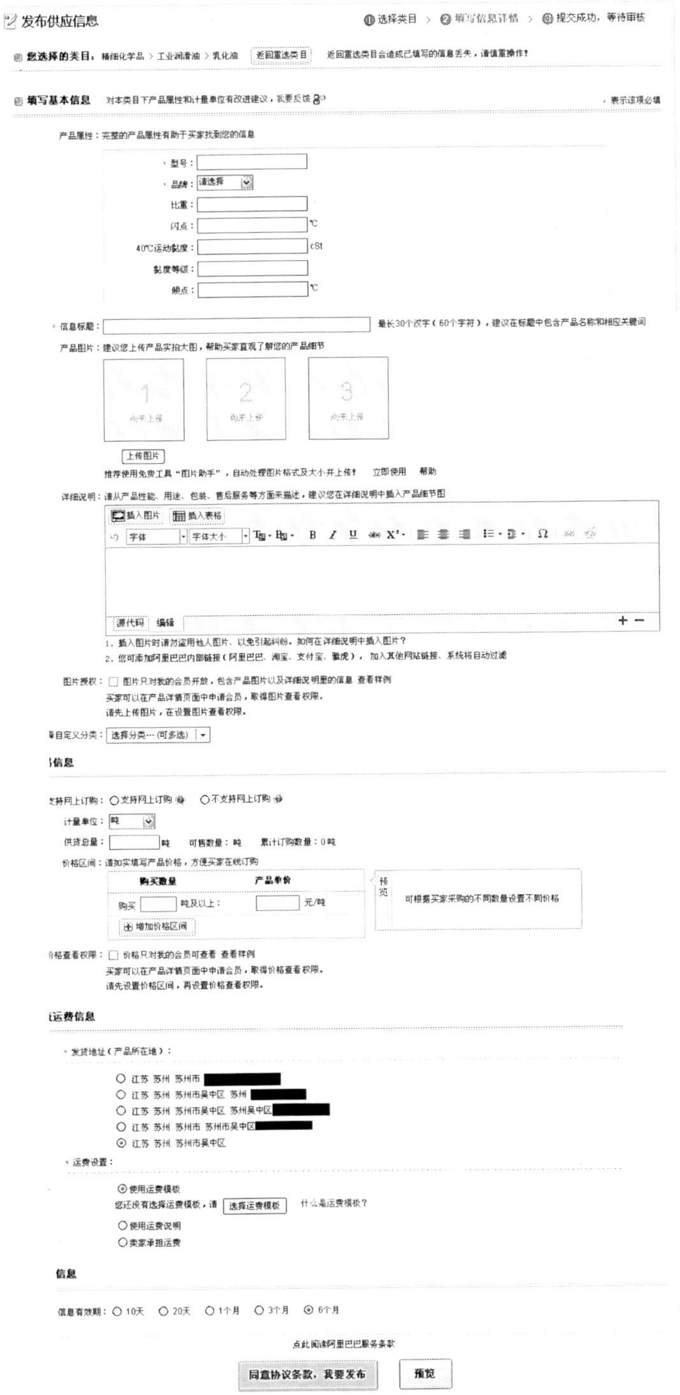

圖 7-13

（4）提交信息，等待審核。在多數第三方 B2B 電子商務平臺上，信息填寫完成後並不能直接上線展示，而是需要平臺方人員審核，經過審查，才能在線展示，而且各個平臺信息審核時間不盡相同，如圖 7-14。

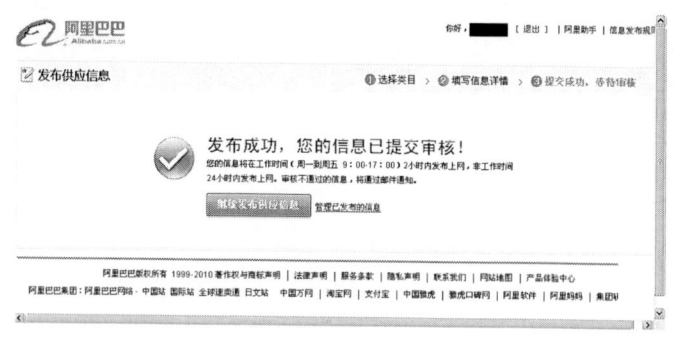

圖 7-14

（四）求購信息的發布

求購信息可以參照產品信息發布方式進行發布，如圖 7-15。

圖 7-15

(五) 阿里巴巴平臺的其他功能

阿里平臺除了開通旺鋪、發布求購信息功能之外，還包括賣家交易管理、買家交易管理、報價管理、生意參謀、物流服務等功能。會員可以根據實際情況進行相應操作。

二、淘寶電子商務平臺的應用流程

國內 B2C、C2C 電子商務平臺應用以淘寶獨居首位，本例以淘寶為例，講述一下淘寶註冊應用過程。

(一) 開店前註冊及準備工作

1. 買賣雙方註冊流程

淘寶網的註冊流程與 B2B 電子商務平臺註冊流程類似：

第一步：打開淘寶網，點擊「免費註冊」；

第二步：進入註冊頁面後，填寫基本註冊信息；

第三步：帳戶激活，帳戶激活可以使用手機驗證（綁定手機作為聯繫方式）和郵箱驗證（綁定電子郵箱作為聯繫方式）兩種方法。

相關說明請見：http://service.taobao.com/support/knowledge-1114071.htm#1122406a。

註冊完成後，用戶作為買家就可以登錄帳戶進行購買，但作為賣家，如果想要在淘寶網上發布產品，賣東西，還有一系列的流程需要完成，包括實名認證、開店認證、加入消費者保障服務等。

2. 賣家開店前準備工作

(1) 開店前賣家的實名認證工作。

在網絡交易過程中，為維護交易平臺的秩序，保障交易雙方的利益，現在 C2C 電子商務平臺一般都要求賣家在平臺上發布寶貝，開設店鋪前要進行實名認證。而在交易過程中由於淘寶帳號和支付寶帳號是綁定在一起關聯的，因此對淘寶店家的認證一般都通過對其關聯的支付寶帳號認證來實現。

根據認證對象的不同，實名認證主要分為個人實名認證和商家實名認證：商家認證是以公司註冊信息，個人認證使用的是個人信息；當帳戶內有可以提現的資金時，公司帳戶需要使用對公銀行帳戶提現，而個人帳戶使用個人的銀行卡。

①個人實名認證。

登錄淘寶網「我的淘寶」，點擊頁面上的「實名認證」，跳轉到關聯的支付寶帳號來一步一步完成，如圖 7-16；也可以直接登錄關聯的支付寶帳戶，登錄支付寶帳戶—我的支付寶—我的帳戶，點擊「申請實名認證」來完成，如圖 7-17。

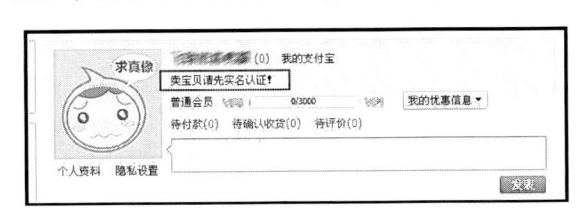

圖 7-16

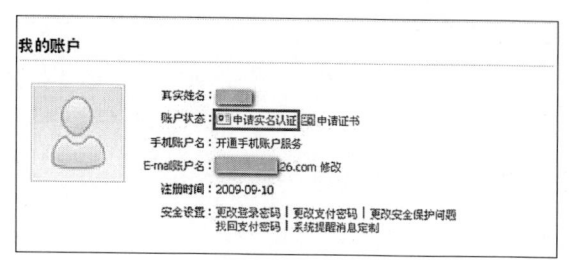

圖 7-17

根據認證方式的不同，個人實名認證又分為「支付寶卡通」認證和「通過銀行匯款金額」認證，如圖 7-18 和圖 7-19。

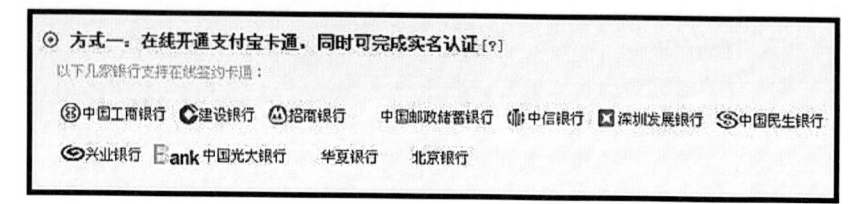

圖 7-18

圖 7-19

詳細操作流程請見淘寶網幫助中心。

相比較而言，第一種方式認證效率比較高，一般半個小時內就可以完成，但前提是必須開通對應銀行的網上銀行。第二種認證方式由於涉及確認資金的打款及核實問題，一般需要 1~2 天時間才能夠完成，而且還要提前準備好電子版身分證。

②商家實名認證。

支付寶商家認證的過程與個人實名認證的第二種方式比較一致，中間也需要提交相關證件及銀行帳號，不過需要提供的是企業營業執照和企業對公銀行帳號。詳細操作流程請見淘寶網幫助中心。

在操作的過程中，經常出現一種問題：一些註冊用戶反應其支付寶帳號的確通過認證了，而在淘寶上發布商品信息的時候，仍舊提醒未通過實名認證，不能開店發布寶貝。這大多是關聯帳號綁定問題造成的。比如某用戶在淘寶上註冊了淘寶帳號 A，淘寶後臺同時自動生成了關聯支付寶帳號 B，而此時淘寶後臺已經將 A 和 B 綁定在一起設置為關聯帳號。但用戶由於忽略了 B 帳號的存在，往往會在支付寶平臺上申請 C 帳號並通過實名認證，結果因為 A 和 C 不是關聯綁定帳號，所以 A 帳戶就不能發布信息，此時一般要到

登錄到淘寶網—我的淘寶—帳號管理，首先解除 A 和 B 之間的綁定關係，而後建立 A 和 C 之間的綁定關係，然後在淘寶上發布信息就沒有問題了，如圖 7-20。

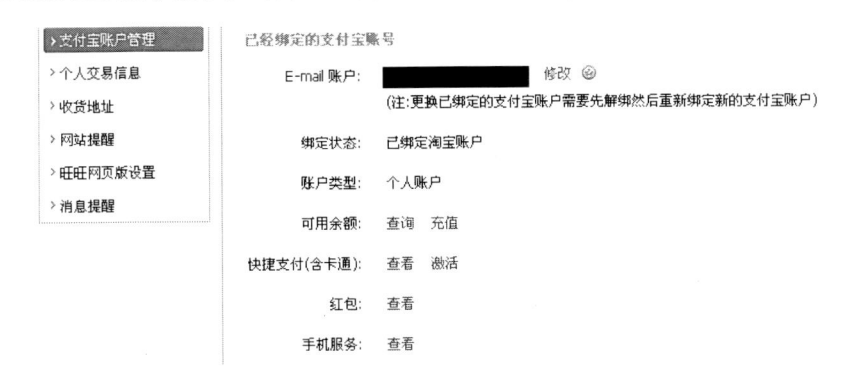

圖 7-20

（2）淘寶開店認證。

完成支付寶實名認證操作之後，返回淘寶開店頁面，點擊「立即認證」，進入淘寶開店認證的頁面，按照步驟完成認證，如圖 7-21、圖 7-22 和圖 7-23。

圖 7-21

圖 7-22

143

圖 7-23

　　店鋪在售商品數量連續 5 周為 0 件後，店鋪會被徹底釋放。
　　（3）開通消費者保障服務。
　　消費者保障服務，是淘寶網為了提升消費者購物體驗，要求商家開通的商品如實描述、先行賠付、7 天無理由退換貨等消費者保障服務。商家開通消費者保障服務要簽訂相關協議，並且提交相應的保證金。
　　以前，消費者保障服務只是選擇性開通的，不是所有的賣家都必須開通。淘寶網於 2011 年 1 月 1 日正式推出「全網消費者保障服務」，所有賣家都必須簽署消費者保障服務協議，如果加入了消費者保障基礎服務，不需要重新申請加入，且目前只有部分行業必須提交保證金。
　　提示：賣家簽署消費者保障服務協議以後，保證金可以根據實際情況選擇立即性提交或暫時不交。暫時不交保證金的賣家，一旦賣家違反淘寶規則，或者出現未履行承諾行為，將被要求立即提交保證金。充值類的必須提交保證金。
　　（二）賣家產品發布及建店、店鋪裝修
　　一般經過實名認證、淘寶開店認證，簽訂消費者保障協議後，賣家就可以在淘寶上發布寶貝開店了。
　　1. 寶貝的發布
　　（1）寶貝發布的一般流程。
　　①進入「我的淘寶」—「我是賣家」—「我要賣」，如圖 7-24。

第七章　第三方電子商務平臺應用

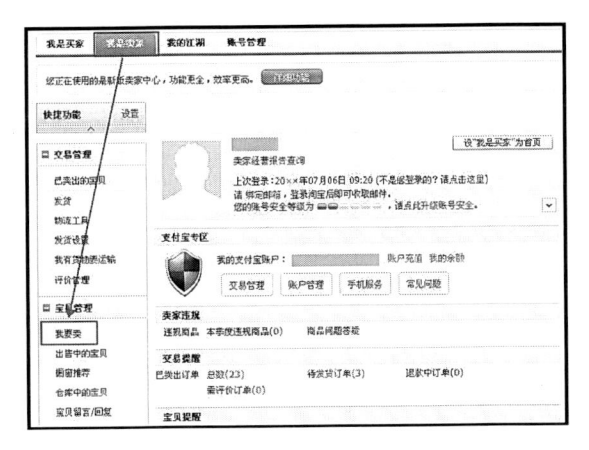

圖 7-24

②寶貝發布方式選擇「一口價」方式，如圖 7-25。

圖 7-25

③選擇商品所屬類目後點擊「好了，去發布寶貝」，如圖 7-26。

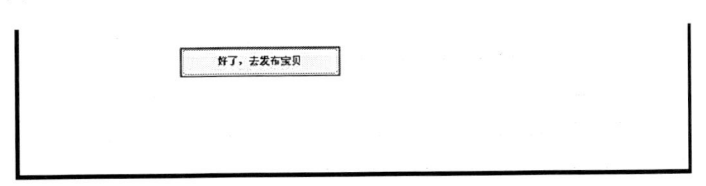

圖 7-26

④填寫商品屬性信息後點擊「發布」，商品就成功發布了，如圖 7-27。

圖 7-27

145

2. 淘寶助理的應用

淘寶助理是一款提供給淘寶賣家使用的免費的、功能強大的客戶端工具軟體，它可以使賣家不登錄淘寶網就能直接編輯寶貝信息，快捷批量上傳寶貝。其強大的批量處理功能將省去賣家大量上傳和修改商品等信息的時間，大大提高開店效率。而且其還具有批量發貨、評價、打印快遞單等功能，從而使賣家有更多的時間去關注經營其他工作。

（1）淘寶助理的使用。可以在 http：//zhuli.taobao.com/下載淘寶助理，而後登錄進去，進行各項操作。

（2）可以利用淘寶助理離線新建寶貝，編輯上述各項資料，因為是離線處理，所以速度相當快，而且也可以把已建好的寶貝信息進行複製然後局部修改變成另外一條寶貝信息。可以利用工具欄的「上傳寶貝」把編輯好的信息集體上傳，提高工作效率，如圖 7-28。

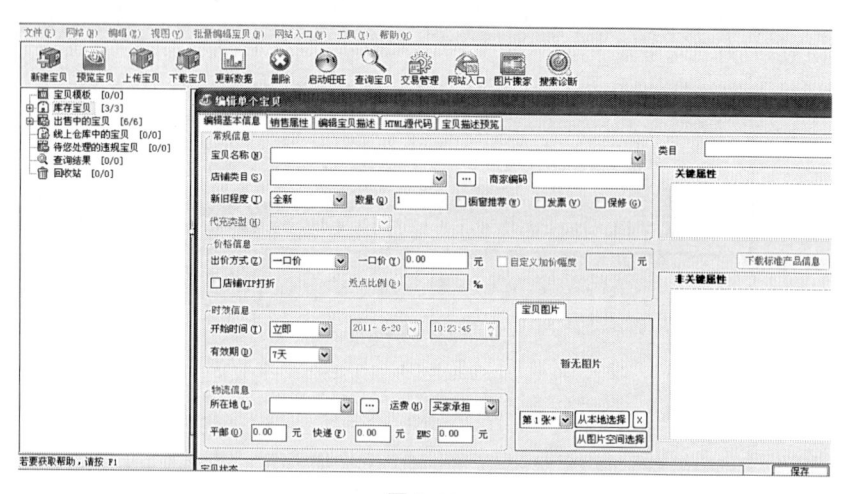

圖 7-28

（3）可以利用工具欄「交易管理」功能編輯發件人信息、打印快遞單、發貨單及批量發貨、批量好評，如圖 7-29。

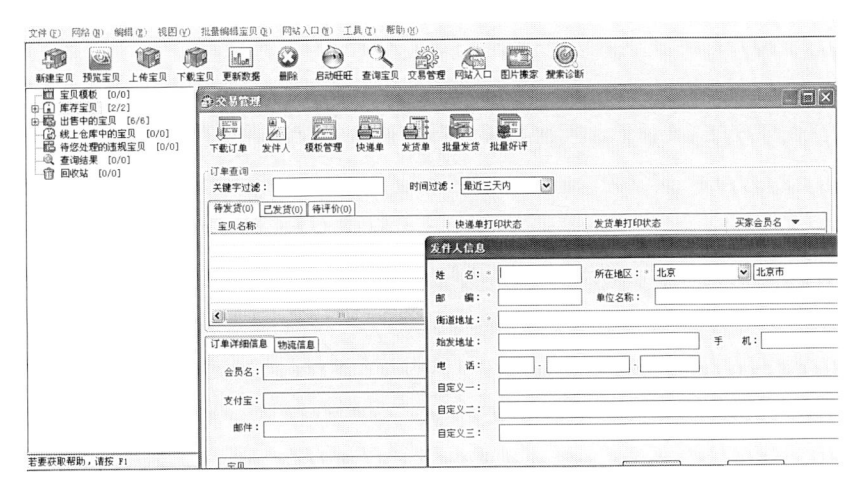

圖 7-29

（4）用搜索診斷來判斷自己的信息是否違反了淘寶網的相關規則，如圖 7-30。可以利用工具欄的旺旺圖標直接登錄旺旺，同時也可以利用工具欄的圖片搬家實現圖片導入導出等功能。

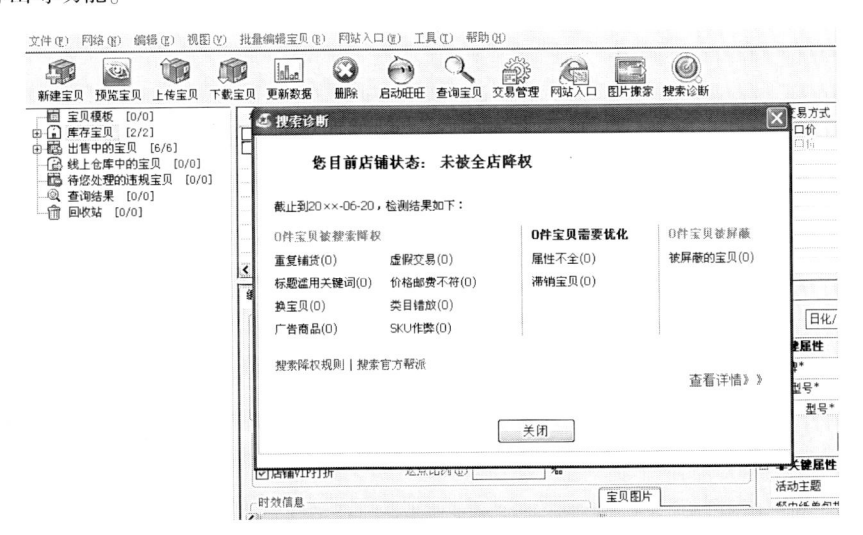

圖 7-30

總之，淘寶助理的最大優點就在於它大大提高了淘寶網絡操作的效率。

3. 淘寶店鋪建店及店鋪裝修

與獨立展示單個寶貝不同，有了淘寶店鋪就可以全方位、多方面地展示賣家的信息了，這不但可以幫助用戶對比產品、深度購買，還可以促進買家關聯購買，全面提升店鋪效益。賣家只要通過考試基本上就可以點擊開店了。開店的整個流程比較簡單，店鋪的整體管理也不難。

（1）點擊「我是賣家」—「店鋪管理」—「域名設置」，可以設置便於客戶訪問

147

的二級域名或頂級域名，頂級域名需另外付費，如圖 7-31。

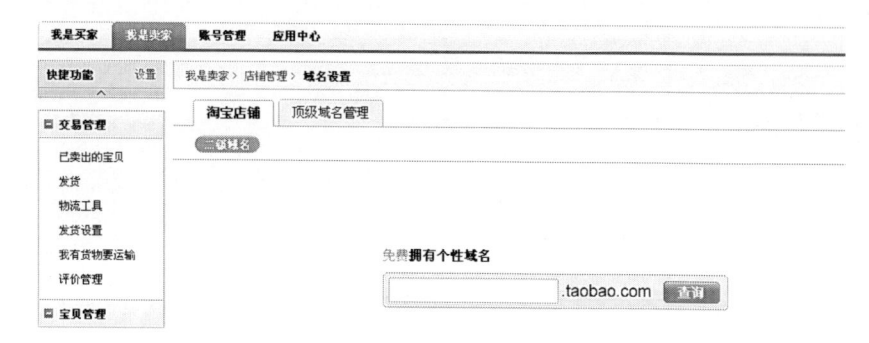

圖 7-31

（2）點擊「我是賣家」—「店鋪管理」—「店鋪基本設置」，可以在裡面進行店鋪基本內容的設置：店鋪名、店鋪類別、賣家類型、主要貨源、店鋪簡介等，如圖 7-32。

圖 7-32

（3）打開「店鋪裝修」，可以對店鋪的橫幅、內容欄目等多項目進行佈局。打造一個美觀的店鋪不但需要對產品、市場熟悉，而且需要具備一定的美工和代碼基礎，如圖 7-33。

圖 7-33

提示：淘寶上的旺鋪分為不同的類別，其功能、費用也有差異，如圖 7-34。

店鋪裝修	旺鋪扶植版	旺鋪標準版	旺鋪拓展版(官網型)	旺鋪拓展版(營銷型)	旺鋪旗艦版
看圖購功能	✓	✓	✓	✓	✓
裝修備份功能		✓	✓	✓	✓
獨立官網店鋪			✓		
頁頭是否可以添加模組			✓	✓	✓
頁尾自定義			✓	✓	✓
自定義頁面布局			✓	✓	✓
模組完全自定義					
默認風格套數	16	24	24	24	24
單個頁面可添加模組數	12	40	40	40	40
自定義頁面數		6	50	50	50
寶貝頁面模組個數		3	10	10	10
布局模組	兩欄模組	兩欄模板	兩欄/三欄模板	兩欄模板	兩欄/三欄模板
價格	1鑽以下賣家免費	消保：30元/月 非消保：50元/月	98元/月	98元/月	2400元/年

圖 7-34

（三）交易流程及購物流程中的細節問題

1. 淘寶網交易流程

從 2003 年發展到現在，從淘寶網購買產品已成為越來越多網民的購物習慣，其購物流程如圖 7-35。

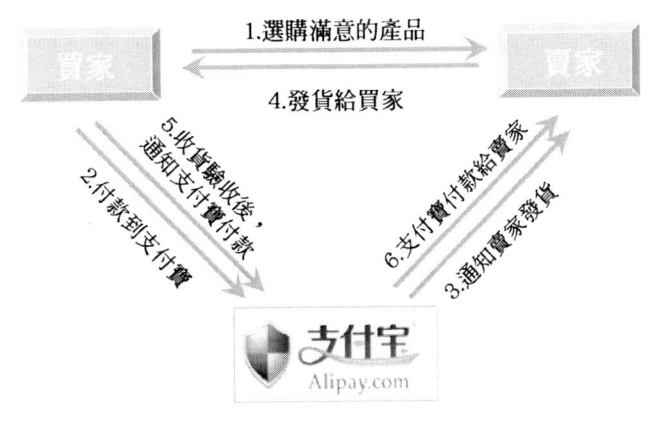

圖 7-35

（1）買家通過淘寶搜索或者類目搜索找到產品，點擊立即購買，如圖 7-36。

圖 7-36

（2）接著買家確認收貨地址和購買信息，提交訂單，如圖 7-37。

圖 7-37

第七章　第三方電子商務平臺應用

（3）買家確認購買後頁面跳轉到支付寶付款頁面，如圖7-38和圖7-39。

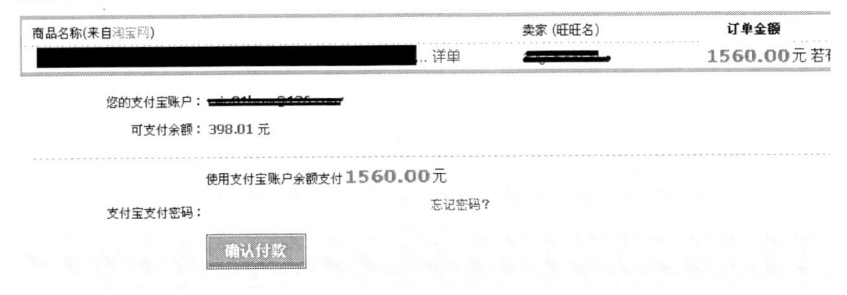

圖 7-38

圖 7-39

（4）賣家打開「我的淘寶」—「我是賣家」—「已賣出的寶貝」，查看訂單，如圖7-40。

圖 7-40

151

（5）賣家確認訂單，點擊「發貨」，確認發貨信息，選擇相應物流方式發貨即可，如圖7-41。

圖7-41

（6）經過物流快遞，買家收到貨，可以進入「我的淘寶」—「已買到的寶貝」，點擊「確認收貨」，而後跳轉到支付寶後臺輸入支付密碼，交易基本完成，如圖7-42和圖7-43。

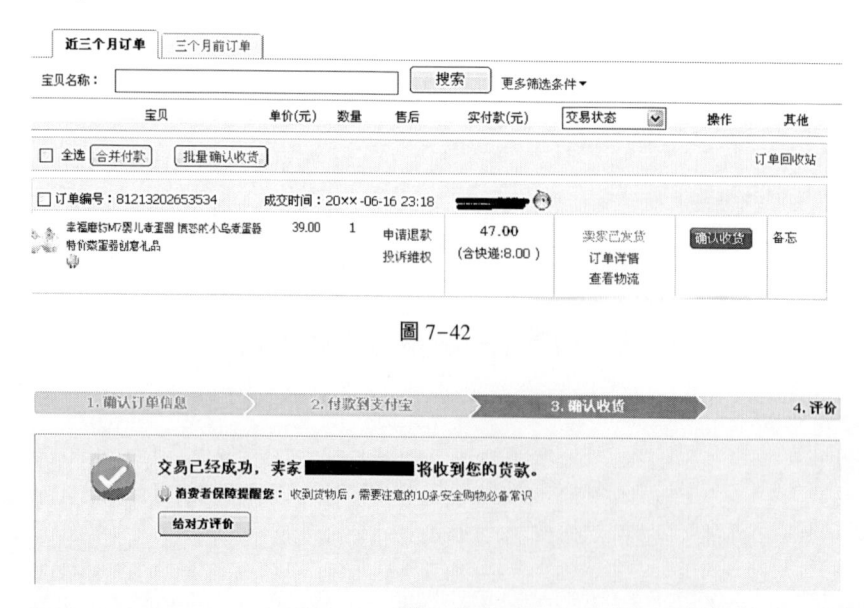

圖7-42

圖7-43

（7）買家在確認收貨後，還可以對賣家的服務和產品進行相應評價，同時賣家也可以對買家購物活動進行評價，而後整個交易完成，如圖 7-44。

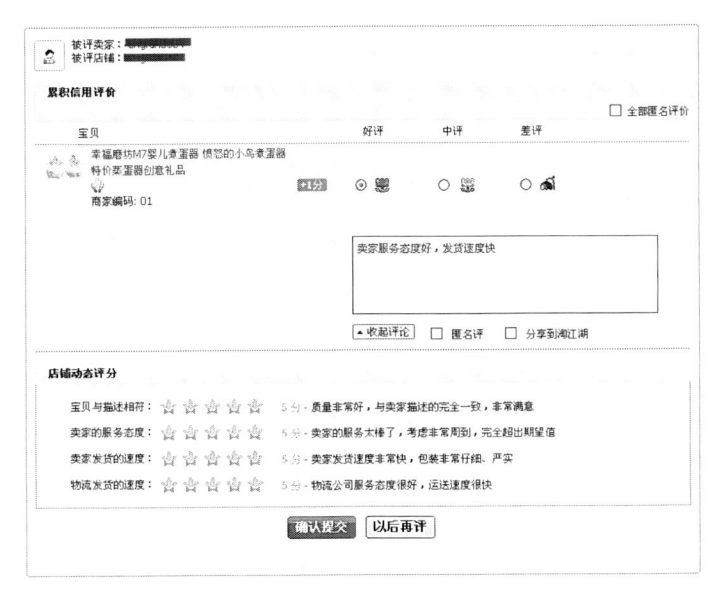

圖 7-44

2. 淘寶網交易流程中的細節問題

（1）購買過程中討價還價及相應的交易價格修改。

到目前為止，仍舊有一部分買家認為在淘寶網上買東西就是一口價不可以討價還價的，而同時一部分新手賣家也對交易價格的修改一知半解，給交易過程帶來了諸多不便。

①買家可以討價還價後再購買，但必須先購買不要付款，如買家進展到圖 7-38 後停下來。

②賣家在「我的淘寶」—「我是賣家」—「已賣出的寶貝」處修改交易價格，如圖 7-45。

圖 7-45

③點擊「修改價格」，給予折扣，修改郵費後，總需要支付39.20元，如圖7-46。

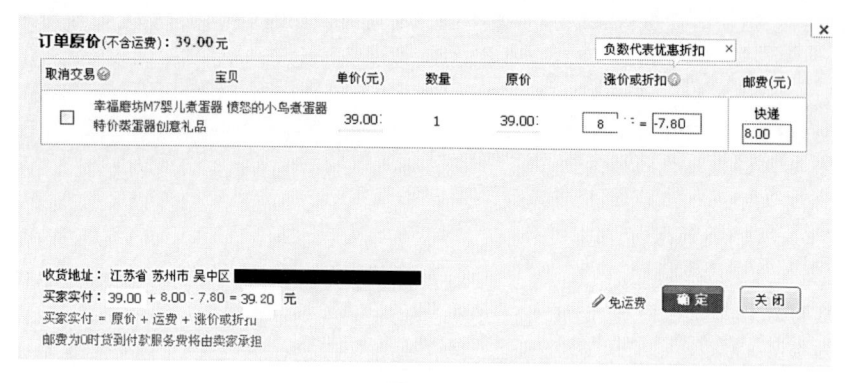

圖7-46

④此時買家點擊上圖中刷新，交易價格也就變為39.20元，這樣修改後的價格也就只有買家能看到和享用了，而後買家付款，這樣買賣雙方就完成了交易價格修改的流程。

在這個流程中常見問題有兩點：

第一，買家購買後直接付款，以至於不能享受討價帶來的價差抑或是賣家還要再退還差價給買家，給雙方造成不便。

第二，賣家不是在等買家購買，直接在出售中的寶貝處修改產品價格，以至於淘寶網全網用戶都看到這個修改後的價格，給賣家帶來不必要的麻煩。

（2）購買過程中，買家申請退款問題。

在網絡交易中也存在衝動型購買的情況，一些買家一時衝動付了款買了東西，但事後又後悔，想要申請退款，在淘寶的交易過程中這是允許的，此時只要點擊已購買的寶貝後面的申請退款即可。但要注意申請退款必須在24小時後才能申請，因此買家要想順利退款必須及時與賣家取得聯繫，以防賣家及時發貨，退款不便，如圖7-47。這個退款流程看上去好像是對買家有益的，但其實賣家要想做好客服工作也必須瞭解這個流程。

圖7-47

（3）購買過程中，賣家物流方式的選擇問題。

對於淘寶賣家而言，物流既是其營運成本的一部分，又是其做好客戶服務的前提條件，但有些淘寶新手賣家往往對發貨過程中的物流選擇不當，這不僅可能造成其成本過高，同時也可能給客戶帶來不便，因此賣家有必要熟悉發貨過程中的物流選擇。通常在發貨階段賣家可選擇的物流方式有四種，如圖7-48。

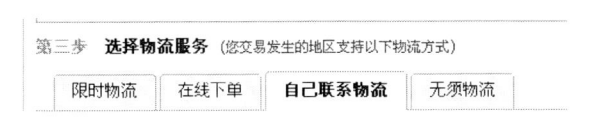

圖 7-48

①限時物流：淘寶網推薦的一些快速物流服務公司，一般發貨速度比較快，但價格比較高，可以在線下單。

②在線下單：淘寶網推薦的一些一般速度的物流服務公司，價格適中。

③自己聯繫物流：賣家自行聯繫的物流公司，需要填寫相應的物流公司和訂單號，當然如果是同城的，賣家也可以選擇同城配送或送貨上門，減少成本。

④無須物流：一般是針對寶貝是虛擬品，可以在線傳輸給買家，無須物流的。

（4）延長收貨時間問題。

①延長收貨的定義。

在淘寶交易流程中，為了避免買家在收到貨後忘記「確認收貨」而造成賣家貨款不能到帳，淘寶網規定一般情況下默認收貨時間為 7～10 天，如果買家忘記「確認收貨」，那麼淘寶網將在 7～10 天後默認買家已收貨，將貨款直接劃入賣家帳戶。

②賣家延長收貨時間。

上述問題是需要買賣雙方引起注意的，因為現實中可能存在由於物流問題，買家在 7～10 天收不到貨的情況，這時候很可能會給買家帶來損失，所以對於買家而言，如果當真出現這種問題就需要提前和賣家交流，要求賣家延長收貨時間，避免在沒有收到貨的情況下資金被劃入賣家帳戶。賣家可以點擊「已賣出的寶貝」，點擊「延長收貨時間」，如圖 7-49。

圖 7-49

（5）交易後的評價和申訴問題。

交易後的評價和申訴問題，對於買賣雙方都有極為重要的意義。評價的好壞直接影響到雙方的信譽尤其是賣家的信譽。當然如果買家對於購買的產品有異議的也可以提起申訴，維護自己權益。

155

討論思考

1. 瞭解阿里巴巴中文站、慧聰網、勤加緣、敦煌網的主要應用有哪些，它們的會員類別有哪些，相應的會員費、增值服務有哪些，並進行對比分析。

2. 在阿里巴巴中文站幫助說明中查看有關網銷寶、黃金展位和商機參謀的功能。

3. 到阿里巴巴平臺上找到一家當地誠信通企業，查看其商業信息表述是否具有吸引力，圖文是否清晰，旺鋪裝修是否美觀，商業信息排名是否靠前，做一份分析報告，並嘗試與相應企業聯繫和溝通。

4. 打開淘寶網、拍拍網進行對比，並到網絡搜索淘寶網和拍拍網發展歷程。

5. 打開淘寶網網站瞭解淘寶網網站前臺各欄目內容，如「淘寶商城」「聚劃算」「電器城」「無名良品」「手機淘寶」「免費試用」等，體會各欄目的差異。

6. 打開淘寶網分銷平臺查看要成為分銷商需具備哪些條件。

7. 打開阿里巴巴批發頻道查看裡面是否有可以作為創業選擇的項目。

8. 打開淘寶幫助中心，仔細查找直通車的應用及鑽石展位、超級麥霸相關應用。

9. 嘗試到淘寶論壇、淘寶幫派發帖，並關注回應的幫派和論壇。

10. 查找淘寶網上你所喜歡的產品的十家店鋪，瞭解其開店時間、信用度、交易額、交易評價，並對比十間店鋪的優缺點。

國家圖書館出版品預行編目（CIP）資料

網路行銷實訓 / 陳本松, 龍昕 主編. -- 第一版.
-- 臺北市：財經錢線文化, 2019.05
　　面；　公分
POD版

ISBN 978-957-680-345-1(平裝)

1.網路行銷

496　　　　　　　　　　　　　108007228

書　　名：網路行銷實訓

作　　者：陳本松、龍昕 主編

發 行 人：黃振庭

出 版 者：財經錢線文化事業有限公司

發 行 者：財經錢線文化事業有限公司

E - m a i l：sonbookservice@gmail.com

粉 絲 頁：　　　　　　網　址：

地　　址：台北市中正區重慶南路一段六十一號八樓 815 室
8F.-815, No.61, Sec. 1, Chongqing S. Rd., Zhongzheng
Dist., Taipei City 100, Taiwan (R.O.C.)

電　　話：(02)2370-3310　傳　真：(02) 2370-3210

總 經 銷：紅螞蟻圖書有限公司

地　　址：台北市內湖區舊宗路二段 121 巷 19 號

電　　話：02-2795-3656　傳真：02-2795-4100　　網址：

印　　刷：京峯彩色印刷有限公司（京峰數位）

　本書版權為西南財經大學出版社所有授權崧博出版事業股份有限公司獨家發行電子書及繁體書繁體字版。若有其他相關權利及授權需求請與本公司聯繫。

定　　價：299元

發行日期：2019 年 05 月第一版

◎ 本書以 POD 印製發行